杨明 著

极简黄河史

U0216374

漓江出版社

桂 林

图书在版编目(CIP)数据

极简黄河史/杨明著. —桂林:漓江出版社,2016.1(2017.4 重印)
ISBN 978-7-5407-7688-6

Ⅰ.①极… Ⅱ.①杨… Ⅲ.①黄河-水利史 Ⅳ.①TV882.1

中国版本图书馆 CIP 数据核字(2015)第 272371 号

策　　划:周向荣
责任编辑:周向荣
装帧设计:李诗彤
内文排版:钟　玲

漓江出版社出版发行
广西桂林市南环路 22 号　邮政编码:541002
网址:http://www.lijiangbook.com
全国新华书店经销
销售热线:0773-2583322

山东临沂新华印刷物流集团印刷
(山东临沂高新技术产业开发区新华路　邮政编码:276017)
开本:960mm×690mm　1/16
印张:15.5　字数:130 千字
2016 年 1 月第 1 版　2017 年 4 月第 2 次印刷
定价:32.00 元

如发现印装质量问题,影响阅读,请与承印单位联系调换。
(电话:0539-2925888)

有黄河,家国生生不息。

自　序

　　若说起黄河,大抵会给人沉重的感觉。一则养育了中华文明的母亲河,让人油然而生敬重之意;二则由于历史上多有洪灾泛滥之事,凭空令人生出几分悲凉。总之,让人难以放开了来说。

　　年岁日长,又多读了些书,渐渐发现围绕着黄河的变迁,历史上许多人物十分有趣。从皇帝大臣到农夫百姓,从凡夫俗子到大家名流,或聪慧或鲁莽,或耿直或狡猾,所谓形态万千,风采各异。于是想,不如也翻出他们的掌故来,以个人之纪事管窥黄河之历史:一则避免了我之天生愚钝应对宏大历史场面的尴尬,二则真实而有趣的小人物或许因贴近生活而更受读者诸君喜欢。这也正是我写这本书的缘由了。

　　历史因人而生,历史也因人物而生动。

　　在中国的历史上,稳定盛世与动乱不安常常交替出现,而黄河在每次重大改道后,都会保持数十年乃至数百年的稳定期。这种自然地理与政治生态的巧妙呼应,也常常让人产生丰富的遐想,直到穿透你的思维,找寻出背后一个个栩栩如生的人物。

　　上古时期,人力物力维艰,禹因势利导,黄河终得大治,顺天应人的理念也成为古代中国最早的生存智慧。两汉帝国恢宏,理政宽严相济,治河收放自如,无名小吏王景终成安澜千年的传奇。宋儒耽溺于论辩，在黄河治理策略上犹豫迁延，终致河道左右摇摆不定，被后世讥为治河无策而唯堵口有功。以强悍武力征服世界的元朝，尚武而轻文、轻儒、轻汉，为保护漕运之私，执拗地任凭黄河南泛，频繁的水患终于惹恼了在淮河流域乞食度日的朱重八，他拉得一帮兄弟，揭竿而起，竟成开国之君。明清时期，黄河灾害接连不断，治河名人亦纷至辈出，但多以改良的方式小心翼翼地维持着黄河在淮河流域的流转迁移。正是此时，一直领跑世界的黄河文明被欧洲文明追赶并超越，大清帝国虽竭尽全力亦难敌其船坚炮利，被迫以屈辱的方式惨淡落幕。民国短暂，西学东渐，睡狮依然未醒，以仪祉先生治河之功高，难抵秉政御敌之无策，无奈以决河伎俩稍事抵挡，贻笑于倭奴。

历数先贤往事，似乎还不是本书初衷；融会贯通地学习历史，多多少少会得到一些启示。黄河文明传承到今天，中华国力日益强盛，而对于黄河自然规律的认识似乎并不比前朝更加高明，技术性的争论甚至多于一千年前的北宋。河床依然高悬，洪水积聚的风险在不断加大，可是从专家学者到普通民众，对大洪水灾害的漠视却远超历代。"往者不可谏，来者犹可追"，今日之国人，殊不可不慎。

每一个朝代总会有其应运而生的英雄，或叱咤风云生于乱世，或湮没无闻隐于山林，一个个人物的故事汇聚起来，就生成了宏大的黄河历史。亲爱的读者，如果你也常常为我们拥有那么多生动、可爱的历史人物而欣喜，那就一起走进这条令人心仪已久的历史长河吧。

二〇一五年　仲夏

目　录

图示索引

卷一　上古·秦汉

（史前—220年）

第一章

神禹:筚路蓝缕,以启山林

首先我们应该击掌相庆,很幸运,我们没有生在五千年前的洪荒时代。对于那个时代,看《圣经》《古兰经》便知,世界各地都流传着关于大洪水和诺亚方舟的故事。据说正因为有了那条大船,人类和各种动物才得以逃脱上帝愤怒的惩罚。

大禹像

面对着这场史无前例的大洪水,东方人的态度似乎更积极一些:他们并未把这场灾难看作上天的惩罚。帝尧派了鲧治理水灾,未果;遂又派出禹,禹用了十三年的时间终于获得成功,使得大河归流入海。

传说中的禹是肩负使命来到人间的天神,先民则赋予他圣贤的传奇美名,恒久流传,早已成为人神合一的典范。在中华民族悠悠数千年的历史中,禹与尧、舜一起,成为后世难以超越的明君。在对水万分崇拜的上古时期,禹因治水而生,作为征服自然的英雄,羽化为中国最早期宗教的图腾,被称为神禹。

《山海经》与禹河故道

人类的文明史或许比我们想象的还要久远。

自远古黄河河道雏形初定至禹治水后形成禹河故道,地质运动已经持续了两百万年。在禹之前人类文明并无文字记载,黄河虽然在整个华北平原漫流游荡,其活动范围也被周围山脉所严格限定:黄河流出山陕峡谷以后,北有燕山,西有太行山,南有大别山,东有泰山和山东半岛的丘陵高地。从总体格局来看,经天地造化而成的黄河,迁延于燕山南麓与大别山北侧之间的巨大冲积扇间,而鲁西南地区的丘陵高地,作为冲积扇的中轴,则成为华北平原上淮河、海河两大流域的分水岭。

近现代的地质勘查证明,禹河故道是确切存在的。即便我们今天用所谓科学的态度来质疑古代史学研究中的"经义治河",也完全不必视之为迂腐,因为历史已经把这条河道归功于代表了中国人集体智慧的禹身上。

《山海经》是目前流传下来最古的一部书。

书中以昆仑为坐标记述了黄河经禹治理后的流路,"河水出东北隅,以行其北,西南又入渤海,又出海外,即西而北,入禹所导积石山",这也就是形成于公元前21世纪、经人类社会管理而又自然流动的黄河河道了。

因《山海经》语焉不详,战国时期成书的《尚书·禹贡》(据传《禹贡》为禹所著)又对这一段描述做了进一步猜测,认为其"导河积石,至于龙门,南至于华阴,东至于砥柱,又东至于孟津,东过洛汭,至于大伾;北过降水,至于大陆;又北播为九河,同为逆河入于海"。用今天的地名来描述就是:自积石山导河,曲折流至山、陕交界的龙门,南

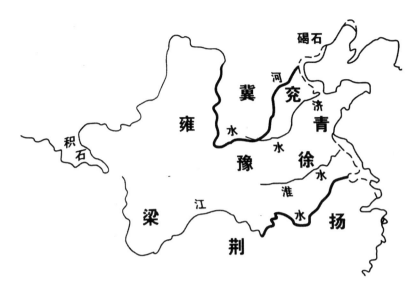

禹时期"四渎"水系及古代中国"九州"示意图

到华山的北面,再向东经过洛河转弯处,达到浚县附近的大伾山,向北流入大陆泽,又向北分若干条支流,然后注入渤海。

禹河故道,便是黄河在古代中国版图上的第一次定位。

而黄河在古代中国版图上的地位也是特殊的。

史书把古代中国的四条大河"江、河、淮、济"称为"四渎",即四条自有源头并独流入海的大河。

到东汉时,班固在《汉书》中对此做了进一步解释,认为黄河是所有大河的起源,"中国川源以百数,莫著于四渎,而河为宗"。

上图是禹治水后中国的"四渎"水系及当时的行政区划"九州"。为了看清楚一些细节,我们对禹时期的黄、淮水系进行局部放大(见下页图)。

在下图中,除了"江、河、淮、济"之外,其余则多是此"四渎"的支流或二级支流。对于此图,我们不妨稍微留意一下,因为在之后近五千年的黄河变迁史中,多多少少都能够看到这些河流的影子。

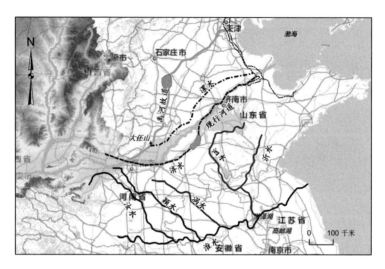

禹时期的黄、淮水系示意图(绘图:杨明)

细心的读者或许会问,"四渎"不是四条独流入海的大河吗,那为什么黄河(禹河故道)与济水有交叉呢?

说到这里,我们不得不佩服古人的想象力。

古人认为,济水与黄河看似相交,实则是两条完全不相干的河流。

济水源头是太行山南麓的王屋山(今河南济源),济水东流遇到黄河时,便以地下河的形式潜流而过,直至南岸荥泽(今河南荥阳)才浮出水面,可据此来解释"济清河浊",这也给古老的济水蒙上了一层抹不掉的神秘色彩。实际上,我们今天的黄河下游河道在很大程度上与古济水是重合的。

对于禹治水后形成的禹河故道,有几个地方我们要特别说明一下。

甲　河源考

"水有源,故其流不穷",那么,黄河的源头在哪里?

《山海经》和《尚书·禹贡》对禹河故道的描述里都有"积石"之说,春秋时期晋文公重耳也曾有诗云:"潜昆仑之峻极兮,出积石之嵯

星宿海(摄影:朱皓宇)

峨。"这给人的印象就是:找到了积石山,也就离河源不远了。

　　但实际上,长久以来,人们对黄河河源争议不断,正是因为不知道积石山到底在哪里。各地为争河源,无不竭尽全力。为证明积石山在其境内,1913 年中华民国政府甚至将河州(今甘肃临夏县)改名为导河县,其重视程度,由此可见一斑。

　　唐贞观年间,文成公主进藏,松赞干布"迎亲于河源",据考证就是在青海玛多县的星宿海。这里海拔 4300 米,水草繁茂、降雨丰沛,整个湖区面积 300 多平方公里,星罗密布着大小不一、形状各异的湖泊,在太阳照耀下繁星点点,灿若银河。一直很好奇是哪位先贤有如此曼妙的想象力,或许他也曾真诚地以为这里便是星星的寓所,才有了如此诗情画意的名字——星宿海。

　　在古代历史上,清朝可能是距离河源真相最近的时期,当时"屡遣使臣,往穷河源,测量地度,绘入舆图"。康熙五十六年(1717),朝廷派出的使臣中有一个喇嘛,叫作楚儿沁藏布,发现星宿海之上还有三条河流,惊喜之余,他溯源直上,终于发现了上游的"古尔班索罗谟",即我们今天所说黄河河源的三条支流——约古宗列曲、卡日曲和扎曲。

无心插柳柳成荫,这次河源查勘还有一个额外的收获,就是楚儿沁藏布等人成为世界最高峰珠穆朗玛峰的发现者。两年之后,清政府铜版《皇舆全揽图》第一次在地图上标注了珠穆朗玛峰的位置和名称,这也是世界地理测绘史上的一个重大事件。

1952年,中国确定约古宗列曲(当地藏民称之为玛曲)为黄河正源,这也正是楚儿沁藏布等人发现星宿海之上三条河流中最古老的一支。

乙 大伾山

禹河故道穿过山陕峡谷后,一路向东行进,在大伾山(今河南浚县)又开始转道北流。

我们说黄河河道的变迁史,一般就是说黄河出了山陕峡谷后的流路变化;因为在此之前直至河源,黄河河道数千年来基本上没有发生什么变化。从历史上来看,这个具有转折点意义的位置,不但直接决定了黄河下游河道的走向,甚至还对整条流路的维持产生重要影响。

大伾山是太行山的余脉,仿佛是潜龙在海,远远地露出一段龙脊。古老的黄河好像对太行山脉依依不舍,曲曲折折地走来,把大伾山拥揽入怀,才顺着绵延的群山,相伴北去。

(明)王守仁,大伾山手书石刻诗,弘治十二年(1499)

因为禹河故道的缘故，大伾山成为我国最早有文字记载的名山之一。在历史上，汉光武帝刘秀、魏武帝曹操、唐太宗李世民等帝王多次登临此山，历代文人墨客也在此留下了数不清的摩崖石刻。

今天，当你登顶大伾山，放眼山下，便是空旷的河道，再也没有数千年前浩浩荡荡的黄河奔流。遥想当年，禹或许也曾站在这里，壮怀激烈，远眺黄河；如今物是人非，只留下千古功业，任由后人评说。

丙　大陆泽

《尚书·禹贡》记载，禹河故道在经过浚县大伾山后，"北过降水，至于大陆"，说的就是北向流入了大陆泽（今河北巨鹿境内）。

大陆泽位于太行山河流冲积扇与黄河故道的交接洼地，众水所汇，波澜壮阔，有"浩渺大陆泽"之誉。那时，大陆泽是北方华北平原上的最大水体，与之对应的则是南方江汉平原的云梦泽，由此也可见其水域之广。据考证，大陆泽面积最大时曾达 1500 平方公里，其面积涵盖了今河北省邢台市的隆尧、巨鹿、任县、平乡、南和与宁晋六县。

古时这里沼泽纵横，草木丛生，麋鹿成群，据说帝舜曾经管理过这一片"山林水泽"，并在这里猎获巨鹿，这也是秦朝之后"巨鹿泽"称谓的由来。

对禹而言，别的姑且不论，仅仅论其劈山划地、将黄河引导至大陆泽，就是一个神来之举。在大陆泽以南，黄河与太行山基本是平行的；而过了大陆泽之后，黄河开始向东北方向漫流。按照今天的说法，大陆泽实际就是一个库容巨大的天然调节水库，即便按照平均水深两米计算，也相当于一千个小浪底水库的容量。

由此可见，禹河故道能够稳定且维持数百年不迁移，要归功于为其拦蓄了大量泥沙的大陆泽。当然，后来由于黄河泥沙大量灌入，湖底不断抬升，湖面不断向东侧低洼处转移，黄河的迁徙改道亦不可避免了。

堵与疏

禹采用了"疏"的方法，才逐渐促成前面所述的禹河故道的行程。实际上，他的父亲鲧为之付出了惨痛的代价。

围堵障

《孟子》曾经对古时的洪水作过描述："当尧之时，天下犹未平，洪水横流，泛滥于天下。"帝尧召集部落首领会议，派鲧治理洪水。据说鲧采用了"围堵障"的方法，"堤工障水，作三仞之城"，即用堤埂把农田和居住区围护起来以防御洪水，九年而未成功，最后被放逐羽山而死。

而我们，大可不必认为自己比鲧更聪明。

比如我们今天住在城市郊区的山坡上，大洪水来了，茫茫一片汪洋，你既不知道水从何处来，也不知水往哪里去。没有现代的遥感影像让你尽览全局，甚至西高东低的地势你也未必清楚。你能怎么办？唯一能做的就是先把自己家的小区用土堤围起来，以免"人或成鱼鳖"。

实际上在那个时候，除了逃避，西方人对于大洪水也没有任何应对的办法，他们只能寄希望于诺亚方舟能帮助他们逃离。而同时代的古埃及人对尼罗河的泛滥则十分看得开，他们远远地站在山坡上，用悠扬婉转的诗歌来抒怀，不断地赞美河水泛滥带来的厚厚淤泥，为河谷耕地提供丰富的天然肥料。

"堵"并不是鲧的发明。在那之前，为了躲避洪水的骚扰，部落的居民就"择丘陵而处，逐水草而居"，大多居住在临近大河的滨河台地上，也一直都是采用"围堵障"的方法来生存。那时以善治水而著称的共工氏不但采用围堵的方法应对洪水，而且还筑堤蓄水以灌溉农

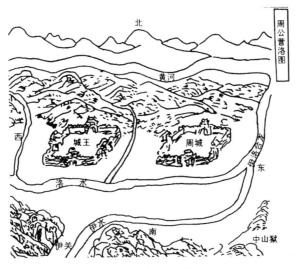

周公营洛示意图①

史前古城(距今 5500—4000 年)一般选址于临近较大河流的滨河台地上,也多是原始部落的遗址。古城多为夯土筑就城垣,四周挖有壕沟。

作物。鲧采用"堵"的方法治水,并没有犯什么错,顶多算是没有创新。没有创新也是要杀头的,工程师们不可不慎啊!共工的脾气很大,"乃与祝融战。不胜而怒,乃头触不周山崩,天柱折,地维缺",我多希望鲧也能如此地霸气。

应该说,即便在今天,"围堵障"在世界范围内也有广泛的应用。

从 13 世纪起,作为国土有一半以上低于海平面的国家,荷兰一直同大海进行着争斗,主要用的就是"围堵障"的方法。经过几个世纪的努力,建成堤坝的总长度已达 1800 千米,向大海追回了 70 万公顷土地。1933 年建成的荷兰阿夫鲁戴克拦海大坝(Afsluitdijk)更是把整个须德海围堵起来,全长 32 千米,宽近百米,壮阔的堤坝威严地围挡着一望无际的大海。

与"疏"并非无所不能一样,"堵"当然也不是万能的。

---

① 引自中原文化大典纂委员会:《中原文化大典》,中州古籍出版社,2008 年。

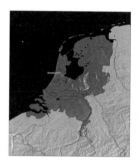

荷兰阿夫鲁戴克拦海大坝

　　荷兰拦海大坝在1953年风暴潮面前曾不堪一击,造成数千人死亡。荷兰人并没有把修筑大坝的阿夫鲁戴克杀死,而是把他的名字深深地刻在坝基的石头上来纪念他。这次灾难过后,荷兰政府在阿夫鲁戴克拦海大坝的基础上,建造了宏大的后续工程——三角洲工程,并增加了新的防洪坝和泄水闸,在"堵"的基础上进行有计划的"疏",从而起到了很好的防洪效果,至今无恙,一度被称为世界第八大奇迹。

　　鲧采用"围堵障"的方法未能成功,其影响因素应该是多方面的,因并无更多文字可考,现在我们也只能冒昧揣测:应该是鲧的运气太差,遇到了超标准的洪水。

　　此前,大家都这样与洪水共存,并无大碍。鲧的遗憾在于他仅仅完成了其治河工程的第一步,即先把居民驻地保护起来,而后续的"疏顺导滞"工程措施未及实施。尧是残暴的,至少是粗暴的,未等鲧把事情干完,就一杀了之。在每一个狂风暴雨的夜晚,想起那位孤独的治水英雄受困羽山,便泪湿襟衫、心痛不已者,岂独我一人!

疏顺导滞

　　禹开始治理洪水,不知道是否怀着刻骨的仇恨,总之他吸取了父亲的教训。

史学界公认禹的成功是因为他使用了"疏"的方法。实际上禹是在其父亲鲧"围堵障"的基础上,加入了"疏顺导滞"的方法,也就是利用水自高向低流的自然趋势,顺着地形把因围堵而壅塞的川流疏通,把洪水引入疏通的河道、洼地或湖泊,然后合通四海来平息水患。

史书记载:

禹敷土,随山刊木,奠(定)高山大川。

为了观测山形水势,禹先是攀上高高的山顶,砍除草木,开辟道路。清人胡渭对"随山刊木"曾有如下解释:首先可以遥看山川形势,借以规划土工;再者借此敷设好施工道路;此外,禽兽逃匿,民众得以安居;接着,夺得木材可以供治水之用。

然后,禹又根据自然的形势,定高山大川,划九州疆界。五岳四渎既出,众水辏合大川,大川又随山势而定,接下来便是按照一州接着一州、一山接着一山、一河接着一河的顺序开始治理了。

后人说起这段往事何等轻松,如同闲谈一般;而关于禹这项工作的伟大,清人郑樵在《通志》中曾评价道,"《禹贡》为万世不易之书",也就是说禹当时勘定的九州、九山、九水,从上古一直沿用到清朝,往后还要延续,"万世不易",我们由此也可略知其中之不易。

禹的成功,也得益于他在治河工具方面的创新——他发明了"准绳"和"规矩"。《史记·夏本纪》记载,禹"左准绳,右规矩,载四时以开九州,通九道,陂九泽,度九山"。有了"规矩"才得以"望山川之形",有了"准绳"方能"定高下之势"。此后,先人第一次对河山大川的地势变化、水位高下有了定量描述,对水流的有序疏导也才成为可能。

《淮南子·地形篇》也曾描述了禹测量大地的事例。

　　禹乃使太章步自东极至于西极，

　　二亿三万三千五百里七十五步；

　　使竖亥步自北极至于南极，

　　二亿三万三千五百里七十五步。

　　凡鸿水渊薮自三百仞以上，

　　二亿三万三千五百五十里有九渊。

　　由此可见，禹治水是十分注重地形观测的，甚至精确测量了所有河湖水泊的水深，并对湖泊总数进行统计。

因为爱情

启母涂山，北魏司马金龙屏风画，现藏于山西大同博物馆。

　　禹治水可谓殚精竭虑，关于他的爱情故事则更是源远流长。"禹之力献功，降省下土四方，焉得彼涂山（今浙江绍兴，一说安徽当涂）女，而通之于台桑"，由于史料中关于禹的事迹留存极少，学者们大多对于禹的行为不太理解，旧时学者常将禹与涂山女"通之于台桑"，解释为留后继嗣，也才有了儿子启的出生。闻一多先生也曾撰文论述禹与涂山女因邂逅而结合的故事。世事如烟，飞短流长，不论怎样，因为爱情，禹与涂山女就那么相遇了。

　　据说禹在和涂山女结婚后，在家里仅仅待了三天就离家去治水，十余载如一日，一心扑在治水上，三过家门而不入。治水成功后，禹当了大官,便坐在衙门里审案子。

鲁迅先生在《故事新编·理水》中,用幽默的笔调描述了禹太太找夫君的故事,让我们对这段遥远的爱情传说,感受得如此具体而生动:

> 卫兵们大喝一声,连忙左右交叉了明晃晃的戈,挡住了人们的去路……只拦住了气喘吁吁从后面追来的一个身穿深蓝土布袍子、手抱孩子的妇女。
>
> "怎么,你们不认识我吗?"她用拳头揩着头上的汗,诧异地问。
>
> "禹太太,我们怎么能不认识您呢?"
>
> "那么,为什么不放我进去?"
>
> "禹太太,这个年头儿,不大好,从今年起,要端风俗而正人心,男女有别了。现在那一个衙门里也不放娘们儿进去,不但这里,不但您,这是上头的命令,怪不得我们的。"
>
> 禹太太呆了一会,就把双眉一扬,一面回转身,一面嚷叫道:
>
> "这杀千刀的!奔什么丧!走过自家的门口,看也不进来看一下,就奔你的丧!做官做官,做官有什么好处,仔细像你的老子,做到充军,还掉在池子里变大王八!这没良心的杀千刀!……"

或许是爱之深、恨之切吧,禹太太的刻薄在于她又提起了禹的伤心事——他的父亲鲧。

这是小说里的禹太太,传说中禹与涂山女却是有一曲荡气回肠的爱情故事。

《吕氏春秋》记载:

女乃作歌,歌曰:候人兮猗!

涂山女一个人站在山坡上,茕茕子立,遥望远方,可是她怎么也看不到,只好作歌吟唱,歌词直白而简单,"候人兮猗(等你回来啊)"。或许是糅合了太多的情感吧,虽然只有一句话,历代文人墨客都把它看作一整篇凄美婉转的古典诗歌,清代杜文澜将它收入《古谣谚》,闻一多也将之编入《神话与诗》。

涂山女的声音传得很远,就那么在空旷的山谷里激荡、回旋,音调也随着心里的牵挂而变幻,时而婉转低回,时而悲切嘶哑,只有风能听见她的自言自语,云却捎去了她无尽的思念,似乎化作了雨,洒向山脚下的大地,漫山遍野的山石和树木也禁不住潸然落泪。

禹太太的痴情是否感动了禹,我们已经不得而知。但在今日浙江会稽山南向的山坡上,每当阴天或下雨的时候,水汽升腾,都会在山顶形成一片奇特的云,像极了执手眺望的妇人,云久久不散,当地百姓称之为"望夫云"。

出色的政治家

禹不仅仅是一个治水专家,还是一个出色的政治家。禹因为治水成功,而经禅让获得部落联盟的统治权,建立了夏王朝。"茫茫禹迹,画为九州",《左传》寥寥数语,就把禹一生的功业传神写出,却怎么也说不尽禹克己奉公、公而忘私、国而忘家的精神。

禹到南方巡视,并在妻子的娘家所在地涂山约请诸侯相会(由此也可见禹实际上是一个温情的人,他是顾家的)。《史记》记载,"禹收九牧之金,铸九鼎",他把各方诸侯部落酋长们送来的青铜铸成九个鼎,意为九州,这也成为古代中国最早的国家统一的象征。

　　禹并不是大家想象中的那个只知道栉风沐雨的憨厚老农。他在巩固夏王朝统治的过程中,渐渐形成了一整套的治国理政思想体系,比如特别重视恩威并济,加强教化。古越部落的首领防风氏,总想独霸一方,不听禹的命令,禹便在大会上当众命令将他处死,并暴尸三天。不知道这一次禹太太有没有不依此事——涂山属于古越部落,这毕竟是她家乡的父母官呀。但这件事起到的效果却很明显:各地氏族部落深知夏王朝的威力和禹的神圣,纷纷臣服。

　　作为一个几乎被神化了的政治家,禹时期的许多治国理政思想一直为后代君王所遵循。

(宋)马麟《夏禹王像》绢本设色,249厘米×113厘米,现藏于台北故宫博物院。图中夏禹王手持如意笏,头戴王冠,身披龙袍,端庄、慈祥而和蔼。

民为本

　　《尚书·虞夏书》曾记载了禹的训话——"民可近,不可下;民惟邦本,本固邦宁",这一思想在后世不断发展,与后来孟子提出的"民为贵,社稷次之,君为轻"思想一脉相承,并由此形成儒家所推崇的"民本"思想,这也是中国最早的民主启蒙。

　　禹时期的"五声听治",创立了古代中国最早的制度化民主渠道。禹把钟、鼓、磬、铎、鞀五种乐器悬挂在庭院里,在每种乐器的架子上,各刻着一行字:

钟——喻寡人以义者鼓此;

鼓——导寡人以道者挝此;

铎——告寡人以事者振此;

磬——喻寡人以忧者击此;

鼗——有狱讼须寡人亲自裁判者挥此。

通畅的民主渠道,使得禹可以随时听到社会各方面的意见和建议。对于百姓而言,更重要的是通过这件事可见禹的民主作风,进而仰慕其品德,故纷纷前来求见。他们或陈说事务,或指摘过失,或通报情况,或谈心拉家常,络绎不绝,门庭若市,形成早期的政通人和局面。"五声听治"制度,经夏商周三代继承完善,也成为后代普遍遵循的礼乐伦理秩序。

民为本的思想虽为历代所推崇,但后来中国历来朝代更替,莫不是由"民不为本"而引发。朝代鼎盛时期,自然是经济社会发展,国力强盛,政权机构不断强化,而民众的力量相对而言则越来越弱。帝王若因之而漠视民意,则自然会逐渐脱离民众,民心渐失而城墙自毁,这样的例子在史上不绝于书。

苦为先

禹的威望来源于其身先士卒的精神。禹给历代君王做出一个榜样,就是要"苦为天下先"。但实际上,历代帝王最不情愿做的也正是这一点。

禹筚路蓝缕,以启山林,开启大河之治。《韩非子》记载,"禹之王天下也,身执耒臿,以为民先,服无完袄,体无生,虽臣虏之劳,不若于此矣"。

禹穿着破烂的衣服,吃粗劣的食物,住简陋的席篷,每天亲自手持耒锸,带头干最苦最脏的活。几年下来,他的腿上和胳膊上的汗毛都脱光了,手掌和脚掌上结了厚厚的老茧,躯体枯槁,脸庞黝黑。连那些战争中被俘虏的奴隶，干活也没有他卖力。即便后来经禅让为帝，仍是吃苦在先。他住在破败的茅草棚里，每天两腿泥巴，带领人们在田间修起条条沟渠，引水灌溉，种植粟、黍、豆、麻等农作物。

作为一个国王，禹过着臣虏般的生活，我不知道历史上是否还有第二个人能如此行事。

孔子说："其身正，不令而行；其身不正，虽令不从。"又说："禹，吾无闲然矣。"他认为禹的功德近乎完美，除了赞美之外，没有任何可以挑剔的地方。

顺天应人

禹时期，在同洪水的斗争过程中，人们对自然界的认识也有了史无前例的升华。中国人开始认识到自然界并不是想象中充满敌意的邪恶之物，而更像是一切生命体中最伟大的存在。顺天应人的思想，也逐渐变成中国远古时代最早期的生态自然观。

实际上，在此之前，人们或许已经发现事物发展都有其内在的规律，并且因循和顺应规律而行事。禹的贡献在于，自此以后，人们开始认识到，在遵循自然规律的基础上，更重要的是如何发挥人的主观能动性，因地制宜，因势利导，对自然环境进行改造。《孟子·离娄下》：

鹳鱼石斧图陶罐，新石器时代，1978年河南临汝出土，现藏于中国国家博物馆。

在史前社会，石斧是锐利的劳动工具，受到人们的崇拜，并被赋予灵性，成为被顶礼膜拜的氏族图腾。在古文化中，鹳是吉祥鸟，鱼则是子孙绵延昌盛的象征。

"如智者若禹之行水也,则无恶于智矣。禹之行水也,行其所无事也。"禹通过治水产生的这种既顺应自然本性,又发挥人的主动性的观点,逐渐形成了对中国后世影响深远的顺天应人的自然观。

这种观点经过不断升华,被应用于古代中国政治制度的具体实践,从道家的"无为而治"到法家的"君道无为,臣道有为"等治国理政经验,不但启蒙了人与自然和谐相处的意识形态,也促成了后世天人合一等文化观念的形成,对中国博大精深的民族文化产生了深远影响。

历史总是在民间静静流传

虽然禹时期社会经济生活主要以黄河中下游为中心区域,他的治水活动也集中在这一带,但有意思的是,禹治水的历史古迹遗址,在华夏大地上却随处可见。

比如伊水流过的伊阙(今洛阳南)、贺兰山麓的青铜峡,据说就是禹为疏通水道而用神斧劈开的,历代文人墨客在这里留下了大量吟诵禹的诗篇。而山陕之间的龙门(即禹门口),被后人说成是禹开凿的,明朝时郦道元甚至在其《水经注》中还声称可以看到岩石上的凿痕,"镌迹尚存"。

此外,纪念禹的建筑更是遍布全国各地。黄河流域有河南开封

绍兴禹陵、禹王庙

(摄影:杨明)

据《史记》记载,禹陵位于其妻子涂山女的故乡浙江绍兴会稽山,始建于明代,"大禹陵"三字石碑系明嘉靖年间绍兴知府南大吉所书。

《乾隆南巡图卷》描绘了乾隆祭祀绍兴禹陵的情景,禹陵也是中国古代重要的国家祭祀场所。

的禹王台,山东禹城的禹王亭;长江流域有浙江绍兴的禹陵和禹王庙,湖北武汉龟山的禹功矶;甚至远在西南的四川南江,还建有禹王宫。

由此可见,或许禹治水的实际范围是有限的,但是他面对滔天洪灾所呈现出来的英勇、智慧与壮怀,所产生的影响已经远远超越了地理空间的局限,成为中华民族文化的精神母体而泽被后世,启迪当下。

如果你关注中国的传统文化,就会发现,禹王庙和关帝庙一样,具有保护神的地位,在民众心理层面占据着重要位置。

第一次大改道

禹治水后形成的"禹河故道",在相当长的一段时期都是很稳定的。

地质学家认为,这一时期,由于整个华北平原的北段地势下沉,地势低洼且比降较大,而且拥有大量湖泊湿地,足以容纳黄河从黄土高原挟带下泄的泥沙,因此禹河故道的流路维持了相当长的时间,没有发生太大的变化。

不过,当时整个社会却陷入长期的混乱状态。

禹的儿子启以武力夺取了帝位,远古的"禅让制"就变成了"家天下",从此以后,部落之间就开始了无休止的厮杀征战。当然,这在一定程度上也促进了新型的统治机构——国家的产生。从商朝开始,禹时期落后的部落联盟制逐渐被废除,诸侯国也就应运而生了。

等到了春秋战国(前770—前221年)时期,诸侯国一度多达数百个,而此时的黄河也由禹治水初期的低洼河道逐步向"地上河"转变了,各诸侯国也开始在自己的领地范围内大量地修筑黄河堤防以抵御洪水。这一时期,大陆泽产生了严重的淤积,不断抬高的洪水位使得黄河经常发生满溢或溃决。特别是北面的淤高不断增加,这也使得黄河河道有了持续南向迁移的趋势。

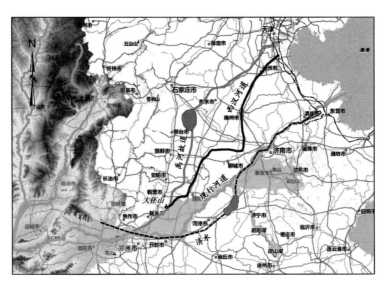

黄河第一次大改道示意图(绘图:杨明)

禹河故道也正是在这一时期发生了历史上有记录以来的第一次大改道。

清初胡渭所著《禹贡锥指》记载："周定王五年（前 602 年）河徙，自宿胥口（今浚县，淇河、卫河合流处）东行漯川，又经滑台城，又东北经黎阳县南，又东北经凉城县，又东北为长寿津（今河南滑县），河至此与深川别行而东北入海，《水经》谓之大河故渎。"

也就是说，整个河道大概向东南方向平移了一百公里。按今天的说法，改道后的黄河大致流经今河南濮阳、河北大名、山东德州等地，经沧州北而东入渤海。这条流路一直延续至西汉末年，我们不妨称之为春秋西汉河道。

这次改道是黄河下游河道发育演变史上一次重要转折。在接下来数千年的变迁过程中，黄河基本上是在禹河故道以南迁延演变，海河流域也正是从此时开始酝酿，并逐渐发展成为一个新水系。

第二章
王景:安流千年的传奇

没有之一,王景是秦汉时期最著名的水利专家。

这一时期,秦帝国的横空出世结束了诸侯割据纷争的混乱局面,中央集权制在全国范围内建立,这一历史性事件标志着中国自此进入大一统时代。随后的两汉时期长达四百余年,国势强盛,创建了中国历史上帝国辉煌的巅峰。世界领先的

王景像

学术研究和科学技术,促进了当时社会经济的发展;对天人合一、自然和谐哲学观念的推崇又让人们的物质文化生活丰富而享有尊严。

秦朝伊始,国家已经依托黄河建成了完善的灌溉、漕运体系;两汉时期,帝国恢宏,事关国体安危,治理黄河更是成了统治者日思夜想的大事。在强权统一下的承平时代,尽管国家十分重视堤防建设,决口、改道依然是接连不断。

禹河故道不断南迁,到春秋时期,黄河曾发生了历史上的第一次

大改道;而在整个秦汉时期,黄河河道的南迁之势并未停止。而且南部发生淤塞后,殃及北部有低地,河道则会顺势北徙迁移,或随北地淤高后又继而南迁,如此循环不已。频繁摆动的河道导致河患不断,两岸百姓生灵涂炭,也对秦汉时期发达的农田灌溉系统和水运体系形成了巨大的威胁。

王景,无名之小吏,为圣上解其忧,为民众谋福祉。倾心治河,殚精竭虑,绝非无意之偶得。即便取得那么大的绩业,"三迁为侍御史",连升三级,也还是个小官;但是,在中国历史上,王景的名字却与一千年的黄河安澜联系在一起,从未被人忘记。

万里长城与千里金堤

秦原本是周的一个诸侯国。

其先祖伯益曾辅助大禹治水有功,后来被赐姓嬴。我们前面所说禹的儿子启夺取王位,就是从伯益手中夺得的。

伯益的后人非子养马水平比较高,他养的马繁殖特别快,深得周孝王喜欢,周孝王便把秦谷(今甘肃省天水市)一带分封给他,这就是"秦"的起源。公元前770年,秦襄公被封为诸侯,秦始建国。

秦国地处黄河上游,有大水漫灌农田之益,而无洪灾泛滥之苦。时不时还可蓄水势而遍淹诸国,着实占尽地利之便。秦国经过商鞅变法后逐渐强大起来,公元前221年,秦王嬴政先后灭关东六国,完成国家统一。

中国因秦而统一也是世界史上的一件大事。那个时候并不是所有人都认为中国需要中央集权,只不过始皇帝以残暴的力量完成了帝国统一,反对者只好善意地劝说他要尊重道德上的移风易俗。

为防御北方匈奴,公元前214年前后,秦朝开始修筑统一的城防。

琅琊刻石,秦始皇二十八年(前219),现藏于中国国家博物馆。

秦兼并六国后,曾五次巡视郡县,以示威强,并刻石颂扬统一海内的功德。琅琊郡(今山东胶南)刻石是目前唯一留存下来的秦代刻石。碑文书体为秦篆,传为李斯所书。

始皇帝并不是在各诸侯国零零碎碎修筑城墙的基础上稍加修茸,而是将战国时期既有的城墙全部拆毁,按照统一标准重新修建。因为所筑城墙逾万里之上,自此始有万里长城之称。

秦始皇还有另外一个创举,那就是为黄河修筑了千里长堤。

帝国一统,下游也是自家的,就不能再淹了。他把春秋战国时期诸侯国各自修建的防洪堤重新规划整治,"决通川防,夷去险阻",于是黄河流域历史上第一次出现了连贯的长堤。我们不知道那时候修长堤与修长城是否用同样标准的石块,但据史书记载,很长一段的河段堤防也都是用石头来修建的,十分坚固,史称金堤,这也算是中国历史上最早的标准化堤防了。

万里长城的确有效抵御了匈奴的入侵;然而,暴政却导致秦朝统治从内部

秦长城与黄河示意图(绘图:佚名)

瓦解。秦国历经五百余年终成帝国统一大业,然而建国仅仅十五年就迅速亡国:公元前 206 年,秦三世子婴向刘邦投降,秦灭。

千里金堤起到了很好的防洪效果。从现有史料来看,从秦帝国的建立、快速灭亡,直到汉高祖建立大汉的天下,那一段时间有关黄河决溢的记载很少。

亲自堵口的皇帝

西汉开国,和历代一样,自然是励精图治。由于采取"轻徭薄赋""与民休息"的政策,经过"文景之治"四十多年治理,迎来了西汉前期的太平盛世。

西汉初年的几位皇帝均十分注重鼓励生产、发展经济。特别是在农业方面,多次下诏劝课农桑,鼓励农民发展生产。还不断放松管制,"弛山泽之禁",开放原来归国家所有的山林川泽,以促进农副业发展。

这些政策虽然一定程度上促进了社会经济的发展,但对生态环境带来的不利影响也逐渐显现。

这一时期,"黄河"的名称第一次出现,逐渐代替原有的"河",与之对应的则是水土流失严重而导致黄河水日渐浑浊,"河水一石,其泥六斗,一岁所浚,且不能敌一岁所淤",由此也可以看出,西汉时期是历史上黄河泥沙含量变化的一个转折点。

学者们从各自角度论述了西汉初年黄河所面临的状况。

历史学家分析这一时期的史料,发现随着当时社会经济的不断发展,人口也开始迅速增长,黄河中游山陕峡谷区(包括中游支流泾、渭、洛的上游区域)开始从以前的畜牧射猎为主逐渐转变为以农耕为主。

著名历史地理学家谭其骧认为,大量开垦农田使得黄河中游水

西汉"泗水取鼎"画像砖

《史记》记载,周灭亡后,禹铸九鼎"乃沦伏而不见",秦始皇听说九鼎之一的"周鼎"落于泗水(黄河支流),兴奋之余,遂派人打捞。画面显示鼎已经被打捞出水面,但一龙从水中跃起,将提鼎的绳索咬断。此图所绘与《史记》记载基本相符。

土流失状况不断加剧,也使得土壤肥力显著下降,造成农作物大量减产;越是减产,人们就越要多开垦荒地,水土流失就越严重,形成了一个恶性循环。

而气象学家通过分析全球气候变化的历史数据,发现这一时期的气候温暖而湿润。竺可桢认为,两汉时代正处于大理冰期后的第三温暖期,年平均温度高于日前气温1—2摄氏度。气候条件导致这一时期淫雨不断,流域暴雨开始越来越集中,所有这些都构成了大洪水发生的充足边界条件。

总之,等到第七任皇帝汉武帝刘彻即位时,黄河已经开始逐渐显现它的威严了。

汉武帝于公元前141年即位,当时年仅十六岁,但其在位时间长达五十四年,成为汉代历史上在位最久且影响最大的皇帝。汉武帝上任伊始,承继"文景之治",对内"罢黜百家,独尊儒术",对外则连年发兵征讨匈奴,开拓疆土,使得大汉声名远播,国势达到顶峰。

实际上,汉武帝即位之初,黄河下游的决徙之患已经十分严重了。当时下游濒河十郡(县),每郡治堤救水吏卒多至数千人,岁费至数千万,因而引起了历史学家的重视,司马迁的《史记》中就开始专册列有《河渠书》,其主要内容就是讲黄河的。

自汉武帝开始,各代皇帝立年号纪年,而且一个皇帝可以用几个不同的年号。

武帝元光三年(前132)五月,黄河终于迎来了汉代历史上第一次重大决口。

据《史记·河渠书》记载,"河决于瓠子,东南注巨野,通于淮泗",洪水水位不断抬升,导致东流注入济水,河水泛滥,十六郡被泛滥。

汉武帝当即命大臣汲黯和郑庄主持堵口,瓠子决口倒是很快被堵住了,可是洪水的危害向下游传播,随即又"北决于馆陶,分流为屯氏河,东北经魏郡、清河、信都入渤海"。据史料记载,分流形成的屯氏河与黄河主流同样宽且水流湍急,再次造成大范围的淹没,两岸百姓流离失所,叫苦连天。

受命堵口的汲黯和郑庄是汉武帝时的两位贤臣,位列九卿,很受重视,而且品行高尚,为官清廉。这两人都曾中途被罢官,家境清贫,宾客遂日趋寥落,"门可罗雀",可是待他们复官后,则"宾客十倍",很多人又想往见。

司马迁曾借用翟公说过的一段话总结说:"一死一生,乃知交情;一贫一富,乃知交态;一贵一贱,交情乃见。"如此场景,即便在今天仍屡屡如同昨日再现,让人不胜唏嘘。

郑庄被派遣视察黄河决口时,他请求给五天时间准备行装。汉武帝说:"我听说'郑庄远行,千里不带粮',为什么还要请求准备行装的时间呢?"原来,郑庄为人行侠仗义,人缘特别好,到处都有他的朋友,但由于为政十分清廉,为千里之行都要颇费些时日准备盘缠。

汉代生活场景陶俑（前25—220年），现藏于中国国家博物馆。

当我们注视着栩栩如生、惟妙惟肖的汉代陶俑，如同与两千年前的古人隔空深情喊话，或许什么也听不见，但在灵魂的最深处，依然能够感受到那种一脉相承的温暖。

实际上，在瓠子决口之前，汉代黄河还发生过多次决口。自汉文帝十二年（前168）黄河在酸枣（属今开封）决口，从那时起，黄河几乎连年决口，但是这些决口影响较小，基本上都被沿岸的地方政府经过抢险成功堵住了。那我们为什么从瓠子决口开始说呢？因为这次决口有一个特别重要的意义：这是有明确记载的黄河大规模漫溢淮河的开始。

根据史料记载，古代淮河水系，主要是由独流入海的淮河干流以及干流南北的众多支流组成，另外有一个大湖泊，称大野泽。此外还有两条人工运河，分别是鸿沟（沟通淮河与黄河）和邗沟（沟通淮河与长江）。从秦汉时期，淮河从发源地蜿蜒东流，流经安徽时，淮河两岸丰沛的降水汇集成溪，形成众多支流，如同漂亮的孔雀开屏一般汇流入淮河，经淮阴向东浩荡入海。那时的淮河，水系完整且灌溉便利，河道深阔且航运畅通，民间流传着"走千走万，不如淮河两岸"的赞誉。

有人或许会问,以汉初强盛的国力、武帝那么大的魄力,小小的瓠子决口为什么堵塞不住呢?

我们不妨先了解一点当时的政治制度。

西汉初年,中央政治制度的最大特点是"汉承秦制",一是继续实行皇帝制度,维护皇权;二是在中央设立三公,分别掌管行政、监察和军事。也就是说皇帝象征着国家的统一,而实际的权力在于政府,宰相就是政府的代表,负有政治上的实际责任。

不仅如此,皇室大家庭的所有日常开销也归宰相管,宰相就是皇家大院的大管家。如此一来,宰相自然就拥有相当大的权势,有时候,皇帝想办的事也必须要得到宰相的支持才能办成。

当时武帝的舅舅田蚡为当朝丞相,他自己的封地在鄃(今山东平原县)。"鄃居河北,河决而南,则鄃无水灾,邑收多。"田蚡就向武帝说:"江河之决皆天事,未易以人力为强塞。塞之,未必应天。"同时,串通他身边的术士也这么附和,"望气用数者亦以为然"。

大权在握的宰相有私心,加之汉武帝对天象又十分迷信,当时也就没有下大力气对瓠子决口进行堵塞,只草草应付了事。

正如我们所知,武帝并不甘心大权旁落,后来他也下决心对政治体制进行改革,以丞相为首的三公九卿的权力被削弱,逐渐演化为附属机构。

瓠子决口形成的黄泛区,在煎熬中已经度过了二十多年,频繁的洪水使得田地荒芜,粮食歉收,百姓四散逃难。

《史记·平准书》载:"山东被水灾,民多饥乏,于是天子遣使者虚郡国仓廪以振贫民。犹不足,又募豪富人相贷假。尚不能相救,乃徙贫民于关以西,及充朔方以南新秦中,七十余万口,衣食皆仰给县官。数岁,贷与产业,使者分部护之,冠盖相望。其费以亿计,不可胜数。"

武帝元封二年(前109),舅舅田蚡已死,深知民间疾苦的武帝终于下定决心治理黄河,亲自组织了黄河堵口工程。

汉武帝亲赴现场堵口

看来武帝的确十分迷信，先是举行祭河仪式，"沉白马玉璧于河"。然后就命文武百官及随从，都去负薪背柴，参加塞河劳动。武帝刘彻以喜爱音乐、辞赋而闻名，不知道他当时是否现场吟唱，反正是即席创作了那首历史上著名的《瓠子歌》，用以鼓舞士气。

瓠子歌

其一

瓠子决兮将奈何，皓皓旰旰兮闾殚（恐惧）为河？

殚为河兮地不得宁，功无已时兮吾山平。

吾山平兮钜野溢，鱼沸郁兮柏冬日。

延道驰兮离常流，蛟龙骋兮方远游。

归旧川兮神哉沛，不封禅兮安知外。

为我谓河伯兮何不仁，泛滥不止兮愁吾人？

啮桑浮兮淮泗满，久不反兮在维缓。

其二

河汤汤兮激潺湲，北渡迂兮浚流难。

搴长茭兮沉美玉，河伯许兮薪不属。

薪不属兮卫人罪，烧萧条兮噫呼何以御水！

颓林竹兮楗石菑，宣房塞兮万福来。

西汉距离今日也久远,加之武帝"略输文采",其文字也着实佶聱难懂,但其大意是描述了水患的猖獗和气势磅礴的治水场面。迷信的武帝把水患全部归咎于水神河伯的暴戾和残酷,而巧妙地彰显了自己的仁慈宽厚。

著名史学家司马迁也亲身经历了瓠子堵口,和众多大臣一起背负茅草参与塞河,他在《史记》中把瓠子堵口的功业与大禹治水相提并论,并说"自是之后,用事者争言水利",这也是"水利"一词的由来。

身为人臣的司马迁虽然对当朝皇上难免有过誉之辞,但是决口堵塞后,河水复归故道北行,还是保障了此后八十多年没有发生大的水灾。

第二次大改道

皇权世袭,容易产生后来的子孙未必都有治国理政的能力的问题。等到了西汉第十一位皇帝平帝即位时,他才刚刚九岁,皇太后便封自家亲戚王莽为大司马,统领朝政。不久,王莽就另立国号"新"。西汉历经十五帝、二百余年,在家国飘零之际,终被王莽篡位。

公元11年(王莽始建国三年),上天似乎也对其大逆不道不满,黄河迎来了汉代历史上最著名的一次大决口——魏郡元城(今河北大名)决口,黄河在西汉河道的基础上,继续向东南方向摆动一百多公里,夺漯水而入海。

清人胡渭将这次决口后形成新河道认定为黄河史上第二次大改道。

在《汉书·王莽传》中,东汉史学家班固曾经记载决河后王莽的小心思:"河决魏郡,泛清河以东数郡。先是,莽恐河决为元城冢墓害。及决东去,元城不忧水,故遂不堤塞。"此次决口地点正是王莽的

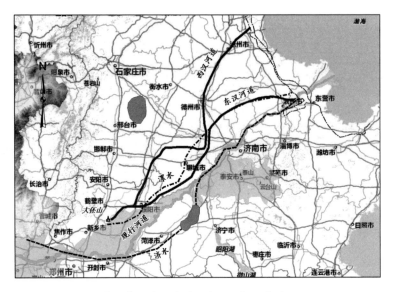

黄河第二次大改道示意图(绘图:杨明)

老家元城县(今河北大明)。他一开始是担心河水会淹没他家祖坟，当看到河水没有继续北侵，而是向东流去，就决定不筑堤堵水了。

班固还对王莽时期的河道做了进一步描述："禹酾二渠以引河，一则漯川，今河所经；一则北渎，王莽时绝，故世俗名是流为王莽故河。"黄河改道后，夺漯水而东流，经顿丘(今河南滑县)至滨州入海，西汉的故道从濮阳至东光就变成了枯河，后人称已经干枯了的这一段河流叫王莽河。

由此我们可以看出，黄河第二次大改道大概是走了古漯水的流路，相对于西汉河道而言，距离入海口更近，几乎呈直线状流入渤海。后来的史实也证明，这是一条非常稳定的入海通道。

每次黄河大改道必然会伴随着大范围地区被淹。

应该说，王莽政权对此也并非毫无作为。在其当政期间就曾多次集合全国水利精英商讨研究河患问题，众人也奉献多种应对方案，著名的贾让"治河三策"就发生在这一时期。不过，其结果并不难想象：皇帝都有他的私心，再多的策论也都陷于空谈，因此没有一种措施能够有效实行。

这次改道虽未殃及草莽皇帝的老家元城县，却给王莽政权带来了最致命的一击。洪水所到之处产生大量灾民，后来也都成了起义军，并最终招致王莽政权的灭亡。实际上，从王莽对黄河治理的狭隘私心也可以看出其统治难以长久，仅在位十五年就被南阳豪强刘秀的起义军赶下台。

或许是因祸得福吧，王景也正是在王莽时期所修的河道基础上完成了传奇般的黄河千年之治。

无名小吏

刘秀自称是汉高帝九世孙，所以仍然称大汉，维持国号不变，史称"东汉"。

王景是东汉初年的一个小官吏，由于太不起眼了，以至于他的出生年月都不能确认，既有的文献多是模棱两可地说其约生于公元30年。

不过，他的运气还不错，刚刚经历了王莽乱国，社会万分向往安定。

东汉开国皇帝刘秀虽然是"马背上得天下"，但其性格温柔仁厚，爱好儒学，崇尚仁爱，反对争战之事。他称帝后曾在家乡对乡亲们说，"吾理天下，亦欲以柔道行之"，还经常与群臣整夜讨论儒家经典，并自称"乐此不疲"。

太子刘庄天资聪颖，十岁时就通晓《春秋》和《论语》，小小年纪就显示出其过人之处。建武十五年（公元39年），发生了历史上有名的度田事件，光武帝刘秀决定重新清查全国的田亩。看到陈留（今属开封）的地方官吏上书的片牍上写有"颍川、弘农可问，河南、南阳不可

观伎画像砖·东汉（25—220年），现藏于中国国家博物馆。

此画像中，伎人在鼓、排箫的伴奏下做跳瓶、巾舞等表演。

问"，刘秀莫名其妙，就问文武百官，大家也说不出个所以然来。这时，在刘秀身后玩耍的刘庄站起来说："河南是首都所在，高级官吏都住在这里；南阳是陛下的故乡，陛下的亲戚多居住于此，地方官当然不敢多问。"刘秀深以为然，觉得他简直就是个神童。

光武帝刘秀龙驭上宾，刘庄继位，也就是汉明帝。

明帝刘庄并不自恃聪慧而取巧，恰恰相反，他还是一位非常勤政务实的皇帝，凡事必躬身亲为，史载"乙更尽乃寐，先五更起，率常如此"。刘庄还很注重教育的普及，而他自己在学术上也相当有威望，曾在洛阳的明堂讲解《尚书》，据说"万人空巷"，吸引了成千上万的听众。

明帝承继了光武帝休养生息的政策，对手下的官吏要求非常严格；对百姓却恰恰相反，宽厚而仁慈。当时他明文规定官吏不得下乡打扰乡村安宁，如有违反，百姓可以自行将其捆绑，送至上一级府衙论死治罪。

总之，这一时期光武帝刘秀延揽英雄，四海咸安，打下了良好的基础；而其继任者明帝宵衣旰食、励精图治，成就了东汉初期社会经济发展、文治武功兴盛的大好局面。

我们的主人公王景在他28岁的时候，大概是在光武帝后期，任职司空属官。司空是东汉官吏体系的三公之一，相当于副丞相。属官则是属下的虚职官吏,也就是说王景是在司空手下做一个没有实职的小官吏。

王景虽然官做得不大,却是个多才多艺之人。其祖辈王仲在吕后执政期间就以精通术数、善观天象出名。汉高祖刘邦之孙刘兴居谋反,因为没有把握,就曾经求助于王仲,让他帮忙选个黄道吉日,甚至想让王仲亲自领兵。王仲既得罪不起,又不愿受此事牵连,只好举家渡海到朝鲜(汉时朝鲜北部属中国)躲避,因此王景实际上是在今天的朝鲜出生的。

受到家庭的影响,王景小小年纪就特别喜欢天文数术,博览群书并精通《周易》;因为幼时在朝鲜生活,受当地人浸染,又精于筹划、工于心计。

小试牛刀修浚仪

机会总是留给有准备的人。

东汉时期已经依托黄河建成了有史以来最为发达的农田灌渠系统,形成了由国家管理的巨大水利灌溉工程。发达的农田灌溉体系,一定程度上奠定了封建集权的物质基础,当然中央集权反过来也为水利行业的发展创造了有利条件。

当时水利灌溉工程的实施主要依靠修建灌渠。汉代关中地区兴修了大量灌渠,如引泾水的白公渠,引渭水的成国渠,引洛水的龙首渠等,这些灌渠大都引浑水灌溉,由于已经掌握了分水分沙的技术,那时候就实现了水沙并用。

农田灌溉的兴盛还促进了翻车、渴乌等先进水利机械工具的发明应用。据范晔所著《后汉书·张让传》记载,毕岚"作翻车、渴乌,施于桥西,用洒南北郊路,以省百姓洒道之费",是历史上关于翻车、渴乌的最早记载。翻车又称龙骨水车,由木板制成长槽,槽中放置数十块与木槽等宽的刮水板。刮水板之间由铰关依次连接,首尾衔接成环状。木槽上下两端各有一带齿木轴。转动上轴,带动刮水板循环运转,同时将板间的水自下而上带出。

浚仪渠以其经过古城浚仪(今河南开封)而得名。

这条人工挖掘的渠道的前身是公元前 360 年魏惠王修建的一条沟通黄河与淮河的鸿沟。由于黄河的自然摆动与历代的挖掘改造,这段河道与周遭的水系错综复杂地交织,名称也不断变化,先后被称作鸿沟、蒗荡渠、浚仪渠,到了宋代还被称作蔡河。不论怎么变化,其最早主要的功能就是从黄河干流引水,向南注入颍河,继而归流于淮。

东汉的浚仪渠,故道在荥阳市北引黄河水入圃田泽,东流经开封后,分两支:一支南下注入颍河;一支东南下,经徐州,合泗水而入淮,称为汴渠。汴渠是京师洛阳的主要粮道,来自豫、兖、徐、扬等地的粮食都经此河入京。到了北宋时期,蒗荡渠改称蔡河;汴渠则南下迁徙,不再经徐州合泗水入淮,而是经宿州而径自入淮。

浚仪渠一直都从黄河直接引水。由于河水流量不稳定,且含沙量大,大水经常漫灌渠道,导致浚仪渠过不多久就要疏浚、维修一次。朝廷眼睁睁看着破败不堪的渠道,无能为力。

当时王吴任职地方水利官员,王景曾经作为助手协助解决这一问题。

浚仪渠之所以破败,主要原因是控制黄河水分出流量的"水门"失去控制,造成出水量过大。要想稳定保持这种状态,则需要将分流入浚仪渠的黄河水量,控制在一个较小的范围之内,此即宋人胡寅等所说的"节制上流恐河溢为患也"。可是这样一来,又会出现分到渠里的水量过低、不足以承负水上航运的问题。后代重修石质分河水门时,就明确谈到,"水盛则通注,津耗则辍流"。西汉时司马迁论浚仪渠的前身"鸿沟",谓"荥阳下引河东南为鸿沟,以通宋、郑、陈、蔡、曹、

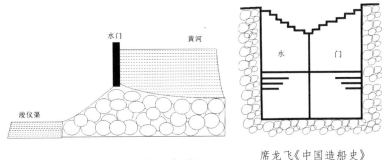

浚仪渠水门示意图(绘图:杨明)　　　席龙飞《中国造船史》
　　　　　　　　　　　　　　　　　所载秦汉时期水门图

卫,与济、汝、淮、泗会",清楚地说明水上航运是开凿连通这一水道的主要途径。

当时浚仪渠最大的难题便是荥阳渠口,因为是分流点,需要有闸门来控制进入浚仪渠的水量。王景将浚仪渠的堤坝与黄河大堤连起来,全部采用大块的砌石施工,而在两水连接处留下约三米宽的进水口,用数块宽厚均匀的木板卡住,也就是水闸。水多时闸门打开,水少时就关住,然后按照交汇处地势差异选择引水路线以保持水流平稳,在急转弯之处,加修石堤防护。

这样一来,浚仪渠水门便横卡在渠道之上,除了口门两侧需要修建比较坚固的高帮以阻挡黄河大水之外,与渠道流程中设置的堰埭已经相去无几。这种做法,实际上是巧妙地利用了堰流的原理来控制黄河进入渠道的流量。这种堰的设计,还能够通过"翻坝"的方式实现黄河、浚仪渠以及淮水的全程通航。

工程实施后效果很明显,"水乃不复为害"。

王景正是通过修浚仪渠得到了帝王的关注,后来被委以治河、治汴的重任,并从此成就了黄河安澜千年的神奇绩业。

大河之治

王景因治理黄河而名垂青史,而实际上,王景一开始接到的任务并不是治理黄河,而是治理当时的漕运要道汴渠。

汉代漕运在中国古代有一个重要的意义——是影响深远的京杭大运河航运工程的重要起源。

西汉时期定都长安(今西安),由于地处国之西部,每年都要从关东地区运粮数百万石,"漕运"自此兴起。但当时漕运中转十分不便,特别是漕船要经过黄河三门峡砥柱之险,粮食损耗很大。在前文提及的贤臣郑庄的建议下,汉武帝曾下令沿秦岭北麓开凿了与渭河平行的人工运河漕渠,使得长安到潼关的水路一度十分通达。

东汉定都洛阳,从关东各处运粮到京师路程就近了很多,漕运局面大为改观。但是由于王莽时期黄河改道,打乱了下游水系的分布,河水侵入东汉漕运的要道汴渠,严重影响了漕运的正常运转,也就影响了国之根本,这不能不引起当政者的关注。

下图是王莽时期黄河改道后至东汉初年汴渠周边的水系分布情况。

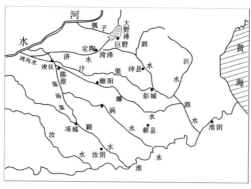

东汉初年汴渠周边的水系分布示意图(绘图:佚名)

我们不妨再重新回顾王景当时所面临的黄河及相关水系的整体形势。

公元前 132 年瓠子决口后，一直淹到巨野泽，黄河也一度南向"通于淮泗"。修复后西汉故道一度维持了近百年。公元 11 年，魏郡决口，改道漯水东流至滨州入海。这一时期，与漯水并行的另外一条支流济水也渐渐干枯，原因其实只有一个，经过此次改道，漯水河道由于相对较为顺直，距离海口较近，已经把其他支流的水全部接纳了。

到了明帝永平十二年（公元 69 年），自黄河在魏郡决口已经过去五十多年。

由于淤积严重，当时的汴渠不断向东泛滥，汴渠的引水水门几乎处于黄河河道中央了，只能废弃。两岸民众食不果腹，"兖、豫百姓怨叹，以为县官恒兴他役，不先民急"。迫于老百姓的压力，明帝刘庄下定决心要解决这一问题。

即便成功地进行过浚仪渠的治理工作，王景仍然是默默无闻。《明帝纪》曾记载，永平十二年"夏四月，遣将作谒者王吴修汴渠"，我们后来知道，其实是王景主持修汴渠，因为其时并无官职，而是由营造官王吴主事，所以文献中居然没有王景的名字出现，相当于今日常见的按官阶冠名的"某某等"字样，做具体工作的人往往湮灭在"等"字中。

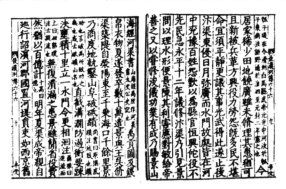

《后汉书·循吏列传》

　　还好明帝不知听谁说过王景善治水,遂召见而询问治水方略。王景抓住这个机会,全面分析了东汉水系的情形,特别对黄河、汴河的应对精辟而切中要害,明帝大为赞赏。

　　书赠爱书之人,明帝遂将其所珍藏的《山海经》《河渠书》《禹贡图》赐给王景。当年夏季就下令发兵夫数十万,立刻实施治河工程。与上次不同的是,王景已经获得信任,由王吴给王景当助手,负责庞大的治河工程的行政管理事务。

　　《后汉书·循吏列传》里所载关于王景治河之法只有三十三个字,即"商度地势,凿山阜,破砥绩,直截沟涧,防遏冲要,疏决壅积,十里立一水门,令更相洄注",而历代研究者对此三十三个字的解释,则常常在万言以上,且意见相左,难以统一。

　　后代每当遇到黄河泛滥,无法应对时,总会有人"欲复王景之旧迹,兴汉人之遗法",要把王景治河的工程措施纳入治河范畴。但真要具体实施时,又争议不断。因为可参考的史料实在太少,王景具体是怎么操作的,直到今天也没有定论。

　　史学界公认的王景治河的工作内容是修筑了自荥阳(今河南荥阳)至千乘(今山东滨州)入海口千余里的黄河大堤,以巩固王莽时期大河改道后的新流路。"凿山阜,破砥绩,直截沟涧,防遏冲要,疏决壅积",阻塞河道的山峦被开凿,地势有利的沟道被截直利用,险工河段进行了加强防护,淤积不畅的河段被疏通,并在此基础上完成了黄河下游的堤防修筑。

　　引起广泛争议的主要是对"十里立一水门,令更相洄注"这句话的理解,主流的意见分为两种。

　　其一,以清中期魏源为代表的观点,认为是沿黄河干流每十里建一座水门。即在黄河主槽边的缕堤位置每隔十里立一口门,大洪水漫滩时,每隔十里就从口门向滩地分水分沙。

　　其二,以清末期武同举为代表的观点,认为王景治河主要是在汴

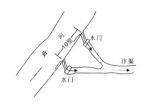

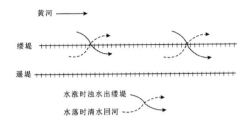

魏源黄河水门运用示意图　　　　　　　武同举汴口水门运用示意①

渠引水口的设置上进行了创新,即在黄河大堤与汴渠大堤之间设立两个水门,两个引水口"更相洄注",保证了不同类型的洪水都能有效地引水入汴,以达到河、汴分流目的。

据著者冒昧揣测,王景治河花费超过100亿钱②,据估算比东汉时期朝廷一年的税租总收入还多(东汉国力强盛,财政收入丰沛),而且动用数十万劳役,不会是个小工程。《后汉书》仅以三十三个字描述王景治河之举,每一句话都应当是应对河道全局的工程措施,而非针对某一地的作为,因此"十里立一水门,令更相洄注"仅仅是指在汴渠入口建立两个引水口门的可能性较小。"十里立一水门"应用于整个黄河下游河道或者汴渠,抑或河、汴均有应用,全面形成"令更相洄注"的态势,应该是大概率事件。

水门并非王景所创。水门也称斗门,建在河边用以控制水位,以便取水或泄水的建筑物。早在西汉元帝时(前48年),政府曾大修南阳水利,就有"起水门提阏凡数十处"的记载,可见当时就已大量修筑和使用水门。此前贾让在"治河三策"中也曾主张多开水门引水,以便"旱则开东方下水门溉冀州,水则开西方高水门分河流",料王景应有所耳闻。

实际上,明帝在修汴渠后的诏书中,追述当年河、汴的情况时,曾说:"自汴渠决败,六十余岁。加顷年以来,雨水不时,汴流东侵,日月

---

① 黄河水利史述要编写组:《黄河水利史述要》,郑州:黄河水利出版社,2003年,页82。
② 东汉十万为亿。

《车马出行图》东汉壁画,河北安平出土,现藏于中国国家博物馆。反映了豪强地主出行时,侍卫随从前导后拥的盛大场面。

益甚。水门故处,皆在河中。"

由此也可以看出,汴渠渠首引水水门或许不如王景所立水门大,但早在王景之前应已出现。王景治河所创造的乃是"十里立一水门,令更相洞注"之技法,亦即通过合理的水门布设,实践其主河槽与滩地高效分水分沙之理论体系。

刘鹗在《治河续说》中,曾经对王景立水门以治河的机理做了如下分析,"水门者,闸坝也,立水门则浊水入,清水出,水入则作饻以护堤,水出则留淤以厚堰,相洞注则河涨水分,河消水合,水分则盛涨无侵溢之忧,水合则落槽有冲刷之力"。可谓言简而意赅,从我们今天的理解,似乎该说的都说了。

至于汴渠引水口门的问题,实不足多虑,此前修浚仪渠时所采用的堰流法已经相当成熟,此次整饬汴渠渠首无非套用一下而已,或者即便是建立两个均采用堰流法的水门,以提高引水保证率,亦完全不在话下,而且无关宏旨。

由于在整个黄河下游河道和汴渠实施了分水分沙体系,应该说治河的效果是很明显的,也在很大程度上减少了由于淤积抬升导致的河道迁延摆动。黄河河道固定了,汴河取水口又利用水门有效调控水量、沙量,黄河也就稳定住了,自然就一改以往河、汴混流的局面。实际上,由于这条新的黄河行洪入海路线比较直,河流比降大,水流挟沙能力强,其本身就是一条理想的行洪河道。

在全部治河工程完成的当年,由于花费不菲,且意义重大,明帝当即下令"滨河郡国置河堤员吏,如西京(意指前朝西汉定都长安)旧制",以加强对黄河下游全线及汴渠两岸堤防的维修和管理。

永平十五年,王景被明帝钦点伴随沿汴渠东巡,王吴等随从官员也随驾出行。明帝沿途目睹沿河堤防不但规矩整齐,而且护石完备,两岸尽植垂柳,更显得郁郁葱葱;黄河、汴渠各自分流,漕运通行无碍;百姓不但再无河患之抱怨,更是因河安而乐业。明帝十分高兴,当即命令将随行的有功人员都升迁一级,王景则连升三级为侍御史。

看到水门分水分沙落淤后形成的河滩地广阔而肥沃,明帝担心被豪门巨富给贪占了,就表示,"今五土之宜,反其正色,滨渠下田,赋与贫人,无令豪右得固其利",明确命令把这些田地都分给穷苦百姓耕作。由此可见,豪强大户对财富的习惯性贪婪并非是今日才有的事。

此次出行视察回家后,明帝仍按捺不住内心的高兴,又颁诏说,"今既筑堤,理渠,绝水,立门,河、汴分流,复其旧迹",称赞王景恢复了黄河、汴渠的原有格局,使黄河不再四处泛滥,泛区百姓亦得以重返家园。言犹未尽,还将其比之于大禹的功绩,"东过洛汭,叹禹之绩"。

安流千年,事实与传说

自经王景治河后,历经魏、晋、南北朝、隋、唐、五代十国乃至北宋,虽然不时有漫溢和决口的记载,有时候还会造成两岸严重的灾害,但总体看来,这期间没有发生一次重大的黄河改道,出现了黄河历史上少有的长达千年的相对安定时期。公允地来说,"王景治河,千年无恙"的说法,是基本属实的,对于其中的原因,自清代以来就多有争议,我们今天站在历史的高处,大概可以从以下几个方面来认识这个问题。

甲　先天优势

首先,王莽时期改道形成的黄河流路是黄河所有北方线路中最偏南的一条,贴近了泰山隆起的北山麓边缘向东穿越,地势低洼且入海距离最短。这种河道比降的先天优势使得整个河道的水流入海态势十分通畅,且流速大,对泥沙的挟带能力也非常大。从上游下来的泥沙不在下游河道淤积而是随流入海,就极大地减缓了下游河道的淤积抬升速度,河道自然就十分稳定。清代魏源就曾经对这条河道赞许有加:"以地势,则上游在怀庆(今河南焦作)界,有广武山(今河南荥阳)障其南,大伾山(今河南滑县)障其北;既出,即奔放直向东北,下游有泰山支麓界之,起兖州东阿以东,至青州入海,其道皆亘古不变不坏。"

其次,王景整治后的黄河下游河道有大量的支流、湖泊。其中包括汴水、济水、濮水等支流以及大野泽等巨型湖泊。在这期间,虽然有些支流是处于断流状态的,但在大洪水期却能够起到调蓄洪水的作用。因此,无须人工干预,仅仅通过自然的调控,就能够有效地对洪水和泥沙进行分滞,这也是王景河道能够安流千年最重要的原因之一。

乙　工程措施

王景治河,修筑了大量的土木工程。在史书记载中有一句话是"商度地势",后人常以为是水利从业者必不可少的套话,其实个中意味并不相同。王景治河在"商度地势"之余,更重要的则是"凿山阜、破砥绩、直截沟涧",也就是说要因地势、水势不同而逢山开道,裁弯取直,以消除阻水的高地并封堵导致水势散漫的横向串沟。实际上,这就需要在冲积平原泥沙堆积物上大兴土木工程。工程的实施,不但缩短了河道入海的长度,还归顺了流路,有效提升了河道行洪、排沙的能力和效率。

最重要的是,因为工程措施是在王莽河道先天优势的基础上实施的,更是起到了事半功倍的效果。

丙 非工程措施

"十里立一水门,令更相洄注"之水沙分输技法,令后世人着迷了数千年。王景通过设立水门,对滩、槽水沙进行神奇的合理调度,在全河道形成了主河槽与滩地水沙良性交换的态势。大洪水挟带的泥沙不但不会造成主河槽的淤积,更是能够放淤于滩地,进而形成对黄河大堤的防护。通过工程措施和非工程措施的结合,也在历史上第一次将传统意义上认为的黄河河道与洪水泥沙之间的相互制约关系,巧妙地变成了一种良性的互利关系。

丁 运行维护

东汉时期加强了对黄河全流域的统一管理,并设立了健全的组织机构。虽然东汉以后三国魏晋和五代战乱不断,黄河也有决溢现象发生,但历朝历代对黄河大堤的维护也都十分重视,特别是隋唐时期,更是大兴水利建设。相对良好的运行维护,也是千里河道千年安流的另外一个重要因素。

戊 运气不错

有道是人各有命,富贵在天。

王景治河以后的运气着实不错。首先,自东汉以后,北方以畜牧为生的羌胡人口迅速增加,以务农为本的汉族人口相对减少。在土地利用上,耕地减少,牧场增加,也就是说水土保持的不断改善对下游的水沙条件产生了积极的影响。

其次，那一时期气候的变迁十分有利于黄河的稳定。东汉以后直至公元 6 世纪，严重的大水、大旱年份都较少。以黄河中游的主要暴雨区陕西省为例，王景治河以后，自公元 70 年以后的五百多年间，据统计大洪水平均要四十多年才发生一次，大部分的年份没有严重的水旱发生。这样一来，既减少了干旱天气对植被的严重破坏，又减少了暴雨对黄土高原的强烈侵蚀，从而使得整个流域的洪水泥沙也同步减少，下游河道决溢泛滥的机会自然也就相对较小。

当然，也还有另外一个说法。

汉代人对自然地理的认识，颇受阴阳五行思想的影响。阴阳五行（水、火、木、金、土）原为战国时阴阳家邹衍所创，用于阐释宇宙演变和历史兴衰，到了西汉，又经刘向、董仲舒加入"天人感应"之理念，一度大为盛行，并深刻影响了中国人的自然观和科学观。

当时的治河理念也常常附会五行思想，或许在我们今天看来十分荒谬，但是由于其中的很多认识经过了长期实践的验证，常常与现代科技理论暗中相合，又含有一些按常理难以解释的奇特现象，因此也颇为神奇。王景精通《周易》，或专注于五行，千年之治是否有赖于此亦未可知。

总之，王景治河后形成的长时期的黄河安平，是由天时、地利、人和、运气再加上未可知的因素共同形成的。但是，时过境迁，等到这个相对稳定的状态迁延千年来到北宋的时候，就再也维持不下去了。

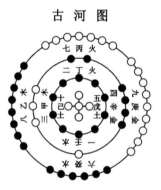

古 河 图

河图者，五行顺行，自然无为之道也。

卷二　宋·元

（960—1367年）

第三章　堵口是个技术活

　　站在北宋初年的时间节点向历史回望，我们常常会想，如果这时候再出现一个王景，东汉以来历经战乱纷争、灾难深重的中国是否又能承继另外一个千年安流局面？或许直到今天，我们还能享有黄河长治久安的福荫。

北宋市民生活图

　　很遗憾，我们并没有看到历史重现。

　　宋政权的建立一举结束了五代十国的混乱局面，但并未能阻止周遭少数民族政权的不断崛起，最终形成了宋与辽(契丹)、金(女真)等鼎立的新态势。南宋朝廷为了维持相对正常的国家关系，偏安于杭州一隅，苟且偷生。

　　似乎是积聚了千年安澜的戾气，宋代洪水之肆虐也前所未有，清人胡渭所述的黄河五次大改道，其中两次都发生在宋代。而宋人在黄河治理策略上的争论不断，又与当时的军事对峙、朝廷纷争乃至个人恩怨交织在一起，"剪不断，理还乱"，洪水泛滥除了造成巨大的经济损失外,还常常伴随着大饥馑和疫病的流行,引发一系列社会问题,使得巍峨华丽的大宋宫殿一直笼罩在浓重的阴影之下。

市井印象·水城

北宋,京都开封。

初春,轻云薄雾掩映着几家茅舍,连着几天小雨,柳树林枝头泛出嫩芽。太阳远远地跃出水面,雾气消散,草桥和扁舟便渐次清晰起来,不经意间,便可听见林间三两只春燕的呢喃。

清明时节的汴河沿岸,风景最是宜人。虹桥岸边分明有一只官家的游船,载了客人赏春,桨声欸乃,船夫金黄色的头巾,衬托着嫩绿的柳枝,乌油油的船身在水波里荡漾,斑驳的阳光透过树梢洒下来,光影若隐若现。

(宋)马远《西园雅集图》,绢本设色,现藏于美国纳尔逊·艾京斯艺术博物馆。

　　繁忙的汴河码头,每日自是人烟稠密,粮船云集。河里船只往来,首尾相接,纤夫牵拉的号子声浑厚而悠扬,间或有粮船靠岸,便可看到几个伙计手脚麻利地登船卸货。

　　如果你到岸上来,只需几个铜板,便可以在街边茶馆惬意休憩半天。茶馆斜对面便是一家饭庄,几位客官正在门前林荫下大快朵颐;亦有三五个百无聊赖的后生围拢在身着长衫的算命先生旁,听凭其摇头晃脑地故弄玄虚。

　　不妨径直向繁华的市中心走来。首先看到的则是御街两侧高大的城楼,鳞次栉比的屋宇,茶坊、肉铺和酒肆,酒旗在风中飘扬,空气中弥漫着肉糜和米酒的香气。城市内环的商店里则是绫罗绸缎、珠宝香料应有尽有,你甚至可以看到商店门前扎着的"彩楼欢门",一如今日百货公司入口的彩虹拱门,两侧或许还张贴着季节转换、清仓甩卖、欲购从速的消息。

　　北宋京都开封财富汇聚,自然是达官咸集、名人荟萃。

(宋)半闲秋兴图

当时京城的男子大都戴一顶别致的小帽,以显其出身高贵,一旦成为时尚,则即便是引车卖浆者流,亦如是装扮。如同今日首都北京的那些先生,无论多么突兀的面孔,照例是顶着挺括的棒球帽,如果再配上一副乌黑的太阳镜,则更是标致极了,遽然显示出与那些来自全国各地的外乡人的不同境遇。

作为四大京都之首,开封自然美女如云。北宋的女子总是婉约的,正如彼时常常在京城游荡的青年秦观所言:

> 香墨弯弯画,
> 燕脂淡淡匀。
> 揉蓝衫子杏黄裙,
> 独倚玉阑无语点檀唇。

等到夜色轻漫,街市上行人依然络绎不绝。锦衣士绅在霓虹灯影里徜徉,酒楼门前立廊内伫立的是着轻纱画细眉的女伶、狂饮的豪门子弟、雍容华贵的妇人、满脸堆笑的商人、挑担叫卖的小贩、嬉闹追逐的街巷孩童……就在此刻凭空自然想象,倘若能穿越一回,时光倒转千余载,变身一个赶脚的路人,就那么随意地选一家客店,机灵的小二早已沏好一壶上好的东京龙井,竹影婆娑下听三五小曲,余音袅袅中慢慢享用大宋都城那一份市井气息。

即便是今天,我们也还有一个退而求其次的选择,在河南开封有一家仿古园林"清明上河园",或许仍能依稀感受一下繁华北宋的昔日盛景,略享一丝慰藉吧。

在唐朝末年,由于藩镇割据,形成了后来五代十国的混乱局面,赵匡胤本是后周七岁小皇帝殿前军(御林军)的首领,手下几个伙计一起哄,黄马褂往身上一披,就当了皇帝,这就是著名的陈桥兵变。

北宋开国,太祖英明威武,一方面笼络北方辽军不生战事,一方

(宋)清明上河图(局部),25厘米×528厘米,绢本设色,现藏于北京故宫博物院。

面将南方的藩镇小国尽数收于麾下,迅速建立起大宋的天下。

宋太祖赵匡胤定都开封,实属不得已而为之。由于开封地势平坦,无山川之险,水路陆路四通八达,"故其地利战,自古号为战场",就定都而言极为不利。

无奈当时以开封为中心已经形成了包括黄河、汴河、惠民河、广济河、金水河、金明池(五河一池)为主干、由众多河流湖泊组成的河网和漕运系统。而从北宋开始,中国的经济中心已经开始南移,当时宫廷消费、百官俸禄、军饷支付、民众粮食调剂都要仰仗漕运系统从南方调运。有了便利的漕运交通,才形成了"四方所凑,天下之枢,可以临制四海"之势,开封自然而然就成了全国的政治、经济、文化和交通中心。

为了弥补京都开封地势平坦所带来的国防压力,北宋另立了三个陪都,分别是西京(今河南洛阳)、北京(今河北大名)和南京(今河南商丘),一起担负起国防重任。

北京(大名)是唯一位于黄河北岸的都城,主要用于防备北方来

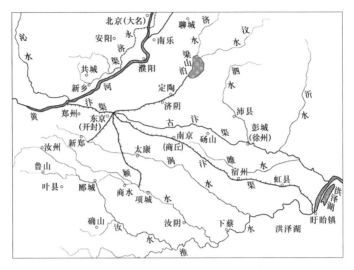

北宋东京(开封)水系分布示意图①

犯之敌;西京(洛阳)由于地势险峻,是战争时期统治中枢最好的避险之地,范仲淹屡屡上疏"太平宜都汴,即有事必居洛阳";虽然南方并无敌来犯之虞,但由于应天府南京(今商丘)是宋太祖的发迹之地,常常驻有重军,大宋的皇帝心里才会感觉踏实许多。

第三次大改道

赵宋王朝开国后相当长的一段时间内,黄河仍然大致沿着王景整治后的东汉河道(北宋称之为"京东故道",因其流经京东省级行政辖区而得名)行进。

从现代河床演变的形态学分析,一千年前的东汉河道相对西汉河道而言偏南数百公里,已贴近黄河在北部游荡的天然屏障——泰山隆起带的北麓,不能继续南侵,径直往东北方向行进至东营入海。

---

① 黄河水利史述要编写组:《黄河水利史述要》,郑州:黄河水利出版社,2003 年。

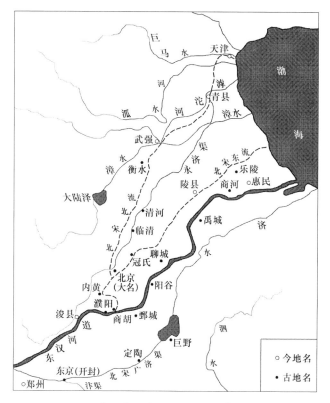

黄河第三次大改道示意图①

　　西汉河道与东汉河道之间有大范围的低洼地带,包括很多像大野泽这样的巨型可调节水体,为分泄泥沙和洪水提供了充足的空间。历经汉、唐、五代十国多年的淤积,低洼地带逐渐淤满,到了北宋开国以后河患就开始慢慢严重起来,虽然不时也有决溢,但并未造成大的改道,很快就被堵塞住了。

　　时间来到景祐元年(1034)八月,黄河在濮阳横陇决口。与以往不同的是,这一次大河径直向东北方向分流,经河北大名至滨州入海。黄河自此离开行水千年的东汉河道(京东故道),形成了所谓的

<hr>

　　①　黄河水利史述要编写组:《黄河水利史述要》,郑州:黄河水利出版社,2003年。

"横陇河道"。"京东故道"和"横陇河道"基本上被归入"东流"的范畴,在宋代后来的历次治河争论中多次被提到。

横陇河道淤塞十分迅速,仅仅行河十余年便"高民屋殆逾丈",且极不稳定。庆历八年(1048),还是在濮阳,在横陇决口点上游商胡县再次发生决口,且决口形成的新河道进一步向北摆动,经大名至乾宁军(今沧州北,宋时与辽国交界)入海,其所经行的路线称"北流",清人胡渭在总览历代黄河河道演变史后,认定此为黄河的第三次大改道。

第三次大改道拉开了多灾多难的宋代黄河史的序幕,自此到北宋灭亡近七十年的时间里,接连发生了三十多次重大的决溢事件,几乎每隔一年就会发生一次重大的洪灾。严重的决溢往往伴随着朝廷内部纷繁复杂的争论,由于难以迅速达成共识,又导致了治河决策的犹豫迁延、举棋不定。洪灾不断加剧,也不断酿成重大历史事件。

仁宗嘉祐五年(1060),"东流"的黄河在河北大名决口,从此之后便形成了北流和东流并行的局面,即所谓的"二股河"入海,史称"大名决口"。我们还记得,西汉末年,黄河二次大改道是由魏郡元城决口所引发的,实际上其位置大概也就是北宋的河北大名。由于河北大名位于漳、卫河汇流处,频繁受黄河侵扰,在历史上多次发生黄河大决口;在其周边发生大决口时,大名也常常是河水必经之路。

熙宁十年(1077)至元丰四年(1081),"北流"的黄河分别在澶州的南、北两侧决口。南向决口则大面积入侵淮河流域,"坏郡县四十五,官亭、民舍数三十八万家,田三十万顷";北向决口则侵入永济渠,不但造成大面积的淹没,还对运输军需粮饷的主要交通干线造成严重淤塞,河道的摇摆不定之势不断加剧。

每次决溢都造成大范围的灾害,其中最惨重的一次发生于徽宗政和七年(1117),黄河在瀛洲、沧州决河,"沧州城不没者三版,民死者百余万",这可能是黄河历史上死亡人数最多的一次洪水灾害了。也正是在这次决河后不久,北宋就在金兵的大举南侵下灭亡了。

较量

自庆历八年(1048)发生商胡决口,黄河改道北流后,朝廷为整治河防做出了巨大的努力,但均未成功。每当堵塞北流恢复东流,尽管好生呵护,积蓄的水势仍然会在东流河道更大范围内向四面八方决溢;反之,如果放任北流不管,北流则照旧是在其下游河道依次决溢,甚至再分出一个二级的东流、北流来,让人徒叹奈何。

北宋的河患前所未有,而由此引发的旷日持久的治河争论,更为历代所罕见。围绕东流、北流,维持新河还是回归故道,自庆历八年开始直至北宋灭亡的近七十年时间,黄河治理的争论不断,从皇帝到大臣,几乎每一个有名望的人物都各有议论和主张。

总览北宋治河的争论,以不同时期和争论的主要焦点大致可以分为三个阶段。

回合一

正如前文所述,在横陇河道运行的第十四年(1048),黄河在商胡县北向决口后形成了"北流河道"。崔峄、张惟吉等地方官员在视察现场后,认为"河可塞而民诚困",主张"宜少待之",仁宗皇帝采纳了这两个人的意见,没有立即堵口。拖延总不是长久之计,皇祐三年(1051)北流又一次在馆陶县发生决口,而且明显可以看到河势壅塞不畅,随时会发生新的决溢。这就引发了是维持北流还是恢复东流的争论。

双方队员依次登场,开始了第一回合的较量。

东流派

贾昌朝　　（大名留守，北流黄泛区地方官）

李仲昌　　（河渠司，中央官，掌管黄河河堤工料事务）

富　弼　　（宰相，幕后主使，保守派）

文彦博　　（老臣，忠厚老实，保守派）

孙　抃　　（翰林学士，崇尚质朴简单，善于举荐人才）

施昌言　　（回河工程总负责人）

北流派

欧阳修　　（京都开封知府）

范纯仁　　（范仲淹次子，人称"布衣宰相"，保守派）

王　存　　（吏部尚书，性宽厚）

胡宗愈　　（大书法家，苏轼至交，在朝中颇有威信）

田　况　　（河北转运使，欧阳修好友）

　　东流派的主要代表是大名留守贾昌朝和河渠司李仲昌。其实，即便都属东流派，他俩的意见也不一致，贾昌朝是镇守北方重镇（大名是北宋陪都，时称北京）、担负军事重任的行政大员，他从军事防备的角度出发，认为北流淹没了大量的北方土地，财税收不上来，无力对抗北方的契丹军事威胁，东汉遗留下来的"京东故道"堤防比较完备，略加修葺便可以"内固京都，外限夷狄"，上疏请求恢复到"京东故道"，宰相富弼也支持贾昌朝的意见。

　　而掌管黄河河堤工料事务的河渠司长官李仲昌则主张先疏通六塔河，对黄河进行分水，然后将大河引归到"横陇河道"，这一建议还得到了翰林学士孙抃和老臣文彦博的支持。东流派仿佛感觉已稳操胜券，两班人马各执一词，先自内斗起来。

　　北流派的代表人物则是京都开封知府欧阳修和河北转运使田

况,以及范纯仁、王存等大臣。

对于东流派抛出的两个观点,欧阳修颇不以为然,一看到"孙抃"这两个字,他就有点不高兴,"名字如此怪僻,绝非圣人之徒",他把人家的"抃"看成了"打"了。他随即上疏指出京东、横陇两河故道"皆下流淤壅,河水已弃之高地屡复屡决,理不可复,不待言而易知也"。

对于河渠司李仲昌、"孙打"等人倡议的新开六塔河,欧阳修简直是气不打一处来,"欲以五十步之狭,容大河之水,此可笑者",开辟六塔河"于大河有减水之名,而无减患之实,此直有害而无利耳,是皆智者之不为也",并断言"述六塔者,近乎欺罔之谬"。

针对东流派所述军事战略上的考量,北流派的范纯仁、王存、胡宗愈等大臣则进行辩驳,认为有无边患不在于黄河之险:"宋与契丹自景德至今八九十年,通好如一家,设险何与焉?"而之前即便有黄河之险也未能阻止辽邦南侵,况且"今公私财力困匮,惟朝廷未甚知者":"外路往往空乏,奈何起数千万物料、兵夫,图不可必成之功?"他们认为没有必要花钱出力去做一件不可能实现的事。

我们很难想象政治家、文学家欧阳修如何能对治河理论有如此深刻的认识,他代表北流派系统分析当前的治河形势:"大约今河之势,负三决之虞:复故道,上流必决;开塔,上流亦决;河之下流,若不浚使入海,则上流亦决。"并提议:"臣请选知水利之臣,就其下流,求入海路而浚之。"他也指出了如果不这样做的后果:"不然,下流梗塞,则终虞上决,为患无涯。"

作为一个旁观者,观看第一回合的比赛,客观地说,东流派多从自己关注的角度提出治理对策,并未从河流动力学的科学机理及全局的观点来提出解决方案;北流派应该是略胜一筹。但最后的结果却并不如人愿,朝廷最终采用了东流派的建议。

至和二年(1055),那位有着"狸猫换太子"之传奇经历的仁宗皇帝赵祯决定采用河渠司李仲昌的意见:堵复北流决口,开六塔河回河

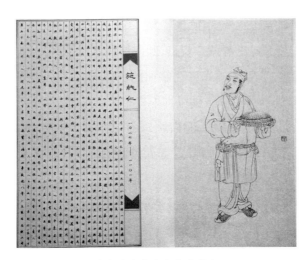

北流派的代表人物范纯仁

受益其父范仲淹的言传身教,范纯仁从布衣做到宰相,廉洁勤俭始终如一。他认为平生所学,得益忠恕二字,受用不尽,"人虽至愚,责人则明;虽有聪明,恕己则昏。以责人之心责己,恕己之心恕人,便是圣贤"。其言质朴而发人深省。

东流。欧阳修等人所言果然不虚,商胡决口堵复的当天晚上便再次决口,"溺兵夫,漂刍蒿,不可胜计,水死者数千万人"。

参与治河的官员都论罪受到惩处。回河工程总负责人施昌言被贬至河南滑县当小县令,李仲昌等人则被流放至岭南不毛之地(断非今日可想),第一次治河争论结束。

回合二

第一次回河失败后,各方争论稍事休息。然而仅仅过了五年,双方征战又起。

仁宗嘉祐五年(1060),自上次开六塔河回河东流失败后,朝廷就已经对北流放任自流了。这一年,黄河在大名东向决口,将原来的北流河道又分成两股河。看到自然冲积形成的两股河,开始朝廷还暗

米芾行书《岁丰帖》

31厘米×33厘米,现藏于美国普林斯顿大学艺术博物馆。元祐八年,米芾以县令的身份,向当朝宰相范纯仁呈报所辖雍丘(今河南杞县)县邑秋天农作物丰收的景象,并陈述其为政亲民之道。

自高兴:北流还是北流,无须人工干预,现在自然而然地又多出来一条向东的支流,虽然淹了一点地,但毕竟北流的压力小多了。

然而,好事并不常常如人所想,接下来的1062—1068年,分成两股河之后的北流仍然按照东西双向梯次继续决溢,水到之处,无不造成严重的灾害。这种情况,又引发了北宋治河史上的第二次争论。

熙宁元年(1068)是北宋历史上有标志意义的一年。这一年神宗皇帝即位,着手准备实行新法。此时的王安石经过二十六年漫长的等待,终于遇到了赏识其变法主张的新帝,"君臣已与时际会,树木犹为人爱惜",政治上的异己也逐一被清除,此时正是成就事业的天赐良机。

春三月。面对月移花影、翦翦轻风之良宵美景,自己的政治抱负终将得酬的快感,如同这无边的春色般,欲"恼"还休,辗转反侧不能成眠,直到金炉香烬、黎明破晓,王安石仍然是心潮澎湃,起身赋诗一首:

夜值

金炉香烬漏声残,翦翦轻风阵阵寒。

春色恼人眠不得,月移花影上栏干。

治河这点小事,对于大权在握的王安石而言实不足多虑。这一段时期,由于反对变法,老宰相富弼已经因"此法行,则财聚于上,人散于下"的上疏被降职为太守,文彦博、范纯仁等人也已经被免职,东流派、北流派的成员有了很大的变化,双方更换队员上场。

东流派

宋昌言　　（都水监丞）

程　昉　　（屯田都监内侍）

王安石　　（宰相,变法派）

北流派

李立之　　（都水监丞）

王　亚　　（提举河渠）

苏　辙　　（御史中丞,保守派）

都水监丞宋昌言和屯田都监内侍程昉是东流派的代表。他们认为黄河北流后,虽然开辟新堤千余里,但仍不能控制河道决口,故而建议"开二股河以导东流",以减缓北流压力。

王安石也是东流的坚定支持者,他屡次表示:"北流不堵住,侵占的公私田地非常多,加之河水四散漫溢,时间长了又会淤塞。"力主修治二股河,以引导河水东流,为堵塞北流创造条件。

北流派以都水监丞李立之为代表,他提出应围绕北流修建提防,防御洪水。提举河渠王亚等人则以河流入海口河段"阔六七百步,宽八九丈"的形势为由,坚决不同意回河。

苏辙也是主张"北流"最力者,他曾出使契丹,来去途中,潜心考察,并专门向地方官了解黄河水务。他从山川地理形势着眼分析,否定了借黄河为边防的观点:

"黄河原来在东面,河西面的郡县与契丹接壤,无山河之险,边臣建设塘泺(注:塘泺是北宋时期一种特殊的国防工程,由沟渠、河泊、水田等构成的一种水网的总称)以抵挡契丹的冲击。现在河水已经西行,则西山一带,契丹没有多少可行之地,边防之利,不说大家也都知道。

"有人担心河水继续北徙,入海口转到契丹界内,便于契丹造舟以发动南侵。实际上,契丹境内之河,自北向南注入于海,总体上来说北边地形高,河水并没有由南向北输移的通道,而且海口深浚,更无徙移之势。所谓借黄河为边防之说,并不足信。"

两派争论激烈,致使难以决策,于是神宗派近臣司马光、张茂到一线进行实地考察。

老成持重的司马光还是吸取了上一回合轻率开挖六塔河的教训,他进行深入分析后提出,在二股河西面修筑拦水坝,使水东流,等东流河水变深后再堵塞北流,并上疏详陈:

"治理黄河应当根据地形和水势顺力而为,不可强用人力,否则水势逆行,冲溃堤岸,不仅不能取得成效,还会毁坏原有的河道。"

因为担心官吏们急于求成,在东流之水未成气候之时强行堵塞北流而功亏一篑,他对此进行了深入分析:

"如果今年东流增加十分之二,那么河势自然由此向东而去,不过三五年时间,东流便会变成主流;等到东流占了十分之八以上,河道自然会因冲刷而展宽,而且沿岸的堤扫也已经巩固,加之此时北流流量日渐减少,这便是堵塞良机,而且南北两路都不会出现水患。"

实际上,在我们今天看来,司马光的分析已经蕴含了现代河床演变学说中河床动态调整机理的概念。

神宗因变法之事对王安石十分信赖,对其所持的恢复东流的立场自然也是全力支持。这一年八月,朝廷也正式决定堵复北流,挽河东流。

然而,事不遂人愿。

正如司马光所担心的那样,未及东流恢复过半,地方官员便强行堵复北流。由于水流宽浅导致新河道摇摆不定,加之两岸堤防也并未修筑到位,尽管朝廷采取了诸多措施来维护东流河道,仍然在当年于许家巷决口。

堵住许家巷后,隔了一年,下游又发生了三次决溢。总之,回河东流后的九年间,先后七次决溢,屡堵屡决,酿成了巨大的灾难。直到元丰元年(1078)黄河发生小吴改道自行恢复北流,黄河自澶州(今河南安阳)注入御河,仍由乾宁军入海。

至此,两次挽河东流均失败,"治亦决,不治亦决",朝廷几乎对此丧失了信心。神宗有一次私下里对近臣说了一番贴心话:

> 河之为患久矣,后世以事治水,故常有碍。夫水之趋下,乃其性也,以道治水,则无违其性可也。如能顺水所向,迁徙城邑以避之,复有何患?虽神禹复生,不过如此。

从这番话也可以看出,神宗已经被黄河折磨得认命服软,毫无办法了。当然也不是一点办法没有,他是说让老百姓见水就绕着点,收拾收拾家当快搬走吧。

回合三

皇帝都认命了,应该不争论了吧?那可不行,换了皇帝还是要争论一番。

元丰八年(1085),神宗皇帝龙驭上宾,哲宗少年即位,神宗之母高太后垂帘听政。朝廷立即起用王安石变法的反对者,此时富弼壮志未酬身先死,遂拜司马光为相,并将文彦博、范纯仁、苏轼等人召回京师,分别予以重用。

(明)张路《苏轼回翰林院图》,纸本设色,31厘米×121厘米

高太后听政后,苏轼任职翰林院。某夜高太后忽然召见,向他解释原委,重申对他的信任,并派人送苏轼回翰林院,还让侍从摘下自己座椅上方悬挂的一对金莲灯为他照明。

随后,高太后废除了神宗和王安石推行的新法,"以复祖宗法度为先务,尽行仁宗之政",尽量与民生息。她治下的九年,史称"元祐之治",被认为是宋代天下最太平、百姓最安乐的时期。

变法之争虽息,治河论战再起。

第三次治河争论更是长达八年,先后有数十位朝臣参战,其参与人数之多,分量之重,论证之激烈,远远超过前两个回合。

东流派

安　焘　　(知枢密院事,保守派)

王令图　　(都水监)

王孝先　　(都水监)

吕大防　　(副宰相,保守派)

王岩叟　　(保守派,高风亮节)

吴安持　　(都水监,王安石之婿)

北流派

范百禄　　（吏部侍郎）

苏　辙　　（御史中丞，保守派）

曾　肇　　（忠厚仁义，曾巩弟）

范祖禹　　（右谏议大夫）

王　存　　（吏部尚书，性宽厚）

胡宗愈　　（大书法家，在朝中颇有威信）

实际上，前两个回合论证后，黄河自小吴改道恢复北流自乾宁军入海，朝廷也就不管了。到哲宗即位时，小吴河道仍然不断向西决口，河尾也相应地向北摆动，都快要摆到当时辽国的疆界了。

东流派安焘以此为由率先发声：

> 盖自小吴未决以前，河入海之地虽屡变移，而尽在中国……且河决每西，则河尾每北，河流既益西决，固已北抵境上。若复不止，则南岸遂属辽界，彼必为桥梁，守以州郡；如庆历中因取河南熟户之地。

他是怕抵御辽军的黄河天险摆到辽国后，反倒成了辽军长驱直入侵犯北宋的捷径。这个说法不无道理。其实，北宋初年就依靠黄河作为防护屏障了，景德元年（1004）间，辽军就借洪汛期渡河大举进犯，因此洪水在澶州多次决口，当时在澶州缔结澶渊之盟也正是无奈之举。

北流派则搬出多次回河均未功成的教训反驳，并从河道演变的自然规律的角度出发阐述不能回河的理由，极力表示反对。吏部侍郎范百禄多次沿河实地考察，认为经过八年的行河，北流已经非常稳定，而且"入海之势甚迅"。苏辙则两次上疏反对回河，对于东流派担心的军事屏障问题，他则亲自到现场查勘，认为北流海口深浚，不可能迁移到辽国疆界。

东流派与北流派各执一词,争论不休。争论归争论,由于高太后采取与民休息的政治策略,这一段时间内实际上并未进行大规模的治河工程。

元祐八年(1093)高太后归天,哲宗执政。哲宗皇帝看起来也未比前人有何高明之处,对治河之事仍然是举棋难定,时而大举兴工回河,时而又紧急下诏停工待议,弄得人心躁动、疲惫不堪。

结果倒是和历次争论一样,最终还是东流派占了上风。绍圣元年(1094),哲宗皇帝决定采纳郎中令王宗望的建议,"创筑新堤七十余里,尽闭北流,全河之水,东还故道"。

依旧是好景不长,仅仅过了五年,元符二年(1099)六月,黄河在内黄决口,重新恢复北流,仍然从乾宁军入海,东流再次断绝。

第三次治河争论遂息。

实际上,即使三次回河东流均失败了,后来每逢汛期洪水上涨、北流压力大时,依然有人上疏要求回河东流,群臣依然争论不断,皇帝依然犹豫不决,国事日渐衰微,直至亡国。

小插曲

王安石和司马光能在回河东流这一点上保持一致,实属难得。

整个北宋都伴随着令皇帝焦头烂额的治河争论,这也是关于北宋变法的争论。王安石是变法派的代表,想要剥夺地主商人的利益;司马光则是保守派的代表,虽然也提倡节俭,但实际上是想通过维持现状来维护社会的稳定。公元1068—1069年前后,王安石、司马光先后被任命为翰林学士,两人在神宗皇帝面前关于变法的争论也正式拉开帷幕。针对变法还是守旧,皇帝可能有过短暂的犹豫,但最终还是支持了王安石的变法主张。

王安石（1021—1086），
字介甫，江西抚州人，北宋
著名思想家、政治家。

《楞严经旨要卷》，王安石于
元丰八年（1085）所书，现藏于上
海博物馆。

神宗熙宁二年（1069），王安石被任命为宰相，历史上著名的"熙宁变法"就此开始。我们仅仅凭"天变不足畏、祖宗不足法、人言不足恤"这句话，仿佛就能真切地感受到王安石的不屈和张扬。虽然变法最终并未成功，但是由此在朝廷内部产生的争论以及对后世的影响却旷日持久。

王安石22岁高中进士，终身为官，一度官至宰相，但从未用此权力为自己及亲族谋过私利。他对金钱也从不计较，每次发了薪水，就把钱袋发给手下弟兄随意拿去用，看到别人兴高采烈地纷纷从囊中取钱，他则转身甩手躞步爽朗地大笑而去。

据说当朝宰相夫人吴氏身宽体胖，可谓"宰相妇人肚里能撑船"。出于为夫君身心健康的考虑，她有一次自作主张将一个贫困人家的美貌女子买来做小妾。可能是想给夫君一个惊喜，她白天对此事只字未提，直到晚上临睡时，才让那女子梳洗打扮好了前来伺候。正欲就寝的王安石并未如读者诸君所揣度的那般暗自心喜，反倒大吃一惊：他实在想不出这么一个打扮得漂漂亮亮的女子半夜到他的房间里来干什么。

司马光(1019—1086),字君实,山西夏县人,北宋著名政治家、文学家。他主持编纂了中国第一部编年体通史《资治通鉴》。

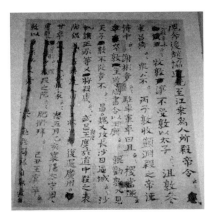

《资治通鉴》手稿,现藏于中国国家博物馆。

女子略带娇羞地将夫人的意思讲给王安石听,王安石则正襟危坐,严肃地仔细盘问一番,便命该女子回她自己房间先自安歇。第二天一早,王安石就让女子家人将其领了回去,知道她家里的困难,还让夫人给钱给物好生安顿。

从这两件事可见王安石的人品,他一生私敌甚少,所结怨者,大多是为了变法的缘故。因此,即便是相当厌恶他的人,都承认自己面对的是一个坦然、虔诚的洁身自好之士。

司马光比王安石大两岁,也早他几年考中进士,时年仅十九岁。在进士揭榜的喜宴上,别人都戴花,唯独他一人不戴。若论起成名时间,王安石自然无法和司马光相比;司马光年幼时砸缸救人之事经史料记载而流传至今,其实在当时他就已经是社会上妇孺皆知的聪慧少年。①

司马光与王安石二人曾经做过同事。当时,他们俩一起在包拯

---

① 参考李亚平著:《帝国政界往事——公元1127年大宋实录》,北京出版社,2004年。

手下担任群牧司判官。有一次，衙门里牡丹花盛开，包公这天不知为何来了雅兴，便吩咐置酒赏花。司马光素不喜酒，但是顶头上司劝酒，总还是给点面子，勉强喝了几杯；王安石也不喜酒，但不管包公如何劝，他始终滴酒不沾，包公也拿他没有办法。由此可知，王安石有多么倔头倔脑，朝中皆称"拗相公"。

关于两人的关系，王司各自有不同的评论。王安石的说法是：与君实（司马光字君实）相处得既好，时日又久，只是对事情的看法每每不同，处理问题的方法也常常各异。司马光的看法则消极得多：安石待我历来淡薄，由于是多年同事的缘故，我从私心里却对他总怀有因同僚而生的关照情分。

不管怎样，这两位道德品行、文采华章堪称泰斗级的大人物，在我们看来甚至颇有些可爱的先贤，终究在残酷的政治争斗中彻底走向决裂。王安石、司马光明争暗斗多年，最终于1086年同年故去。

战果

如果仅从历次争论后黄河的走势来看，北流派三比零赢了。看似赢了，最终呈现出的却是北流河道的积重难返。北流致灾的严重程度丝毫不逊于东流，因此，北流派和东流派一样，都是输家。

我们不妨换个角度来看，北流派实际是代表了当时顺应黄河现状流路的观点。黄河北流虽危机四伏，但并无人能妄称使其回河。如同彼时北宋朝廷内外交困的时局，已经到了只能顺应、不能变革的地步，一旦变法不慎，或许还会加速其灭亡。实际上，北流派之中对变法持保守立场的人也居多。

东流派整体表现较为激进，希望有所作为，但给人的感觉却是有勇无谋。他们看到大河北流的危害，雄心万丈欲挽救黄河于东流，但由于他们过多地考虑眼前利益，而无视其累积的风险，一旦决河，对东流所导致的灾害风险也并没有相应的应对方法和承受能力。东流派,全凭身前一个"勇"字在博弈。

由此也可以看出,北宋治河东流、北流之争,并非只简单地停留在单纯的技术讨论上。此事难免与当时的军事对峙、政治斗争乃至个人恩怨交织在一起,导致整个宋代没有一个系统且坚定的治河思路。除了造成巨大的经济损失外,洪水泛滥还常常伴随着大饥馑和疫病流行,两岸百姓生灵涂炭,并引发了一系列的社会问题。

从历史上来看,用人力大改黄河河道之举,北宋应该算是最为悲壮的,因为每一次努力都失败了。徽宗赵佶继位后的建中靖国元年(1101),大臣任伯雨用一番话总体评价了北宋治河之功过,十分中肯。

　　河为中国患,二千岁矣。自古竭天下之力以事河者,莫如本朝。而徇众人偏见,欲屈大河之势以从人者,莫甚于近世。臣不敢远引,只如元祐末年,小吴决溢,议者乃谲谋异计,欲立奇功,以邀厚赏。不顾地势,不念民力,不惜国用,力建东流之议。当洪流中,立马头,设锯齿,梢刍材木,耗费百倍。力遏水势,使之东注,陵虚驾空,非特行地上而已。增堤益防,惴惴恐决,澄沙淤泥,久益高仰,一旦决溃,又复北流。此非堤防之不固,亦理势之必至也。

　　昔禹之治水,不独行其所无事,亦未尝不因其变以导之。盖河流混浊,泥沙相半,流行既久,迤逦淤淀,则久而必决者,势不能变也。或北而东,或东而北,亦安可以人力制哉!

　　为今之策,正宜因其所向,宽立堤防,约栏水势,使不至大段漫流。若恐北流淤淀塘泊,亦只宜因塘泊之岸,增设堤防,乃为长策。风闻近日又有议者献东流之计,不独比年灾伤,居民流散,公私匮竭,百无一有,事势窘急,固不可为;抑

亦自高注下,湍流奔猛,溃决未久,势不可改。设若兴工,公私徒耗,殆非利民之举,实自困之道也。(《宋史·河渠志》)

杜充的恶行

整个北宋王朝被黄河折腾得死去活来,片刻不得安宁,加之列强烦扰、内贼风起,最后落了个政息人亡,黄河也终于该歇息了。殊不知,南宋初年的大臣杜充迫不及待地抢先登场,惶惶然以水代兵,自扒决口,又带来了更大的灾害。

杜充,字公美,河南安阳人,北宋哲宗年间进士,后官至宰相。

南宋靖康元年(1126),徽宗、钦宗父子俩被金兵俘虏,也就是著名的靖康之耻。国不可一日无君,高宗随即即位,任命杜充为沧州知府。

当时金兵南侵,沧州有很多从燕云十六州(包括今北京、天津全境)逃难过来的汉人老百姓,杜充认为这些人有可能是金兵的内应,他想出了一个很绝的办法,就是不分青红皂白地全部杀掉。这也可算是近代史上汪精卫“宁可错杀三千,不可漏网一人”的先例了。

高宗建炎二年(1128),金兵屡次攻打开封,均被大将宗泽击败,但是宗泽受到副将杜充诬陷,《宋史》记载:“泽叹曰:‘出师未捷身先死,长使英雄泪满襟。’”第二天,宗泽“无一语及家事”,三呼“过河(黄河)”而死。

不久,完颜宗望(金开国皇帝完颜阿骨打次子)带领金国东路军攻占开封,当时杜充已经如愿以偿接替宗泽,镇守开封府。他自诩文韬武略,“帅臣不得坐运帷幄,当以冒矢石为事”。

口气虽然很大,但是当战事一开,他竟然都不敢正面交战,唯一的对策就是下令赶紧掘开了黄河的堤防,远远地要水冲敌军。由此

南宋"南海一号"沉船上发现的部分瓷器,现藏于中国国家博物馆。

看来,杜大将军每逢关键时刻,总会有自己的"绝妙好招"。

杜充无论如何也不会想到,他这一次扒开黄河大堤,也拉开了黄河史上第四次大改道的序幕。黄河从此离开了数千年来向东北注入渤海的河道,摆动于豫东北至鲁西南地区,经泗水南流,夺淮河而注入黄海。史载当地百姓被淹死二十万以上,因流离失所和瘟疫而造成的死亡人数数倍于此。宋时最为富饶繁华的两淮地区毁于一旦,数以万计的无家可归者沦为难民。

自杜充此次决河伊始,黄河河道从北宋时期的北流、东流两分支同入渤海,变成了北流、南流两分支分别入渤海、黄海。

北流较细小,注入大野泽后经北清河(又称大清河,是古济水的一部分)而入渤海。

南流是主流,注入大野泽后经南清河(又称小清河,是古泗水的一部分)而入黄海。由于摇摆不定,南流迁延于淮河两大支流泗水与颍水之间。金章宗明昌五年(1194),黄河在阳武(今原阳)大决口后,经商丘、徐州入泗水的古汴渠又成为南向黄河的主流。

杜充决河并未能阻挡金兵的脚步,完颜宗弼(金兀术)领兵直指建康,宋高宗只好低三下四地写下降书,"守则无兵,奔则无地,只有

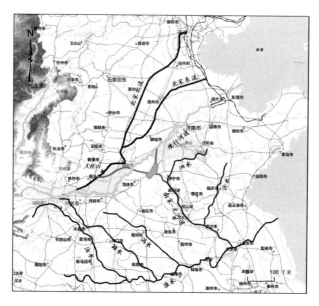

黄河第四次大改道示意图(绘图:杨明)

请阁下哀怜"。

战事稍停,杜充不但没有因为决黄河而受到处罚,相反朝廷却认为杜充此间守了将近一年名义上的首都开封:"徇国忘家,得烈丈夫之勇;临机料敌,有古名将之风。比守两京,备经百战,夷夏闻名而褫气,兵民矢死而一心。"因此宋廷为杜充加官进爵,任命杜充为同知枢密院事,官至执政。杜充开始嫌官小而推辞,宋高宗琢磨一番后,破格任命杜充为尚书右仆射同平章事(副宰相),官职仅在左相之下,杜充这才心满意足地上任去了。

杜充升职为副宰相后,同时还兼任江淮宣抚使,镇守军事重镇建康(南京)。他这次来到了长江流域。

无论黄河还是长江均不足道也。金兵再次渡江打过来之后,杜充便又显露出其本性,他这一次使出的撒手锏是逃跑。作为全军统帅,他竟然丢下守城官兵于不顾,一个人趁着天黑弃城逃往真州(今江苏仪征)。真州守将向子忞看到建康守将杜充只身一人半夜逃跑而来,大为吃惊,便劝他和自己一起回行在临安(今杭州)请罪,但此时杜充已有二心,未做应允。

完颜宗弼看出有机可乘,便写信劝降,并派人告诉杜充:"若降,当封以中原,如张邦昌故事。"杜充闻听,心动不已,随即投降。只可怜他的属官杨邦乂,在衣服上血书"宁做赵氏鬼,不做他邦臣",大骂而死。金国果真任命杜充为燕京(今北京)三司使,后来还不断升迁,直至行台右丞相。绍兴十一年(金皇统元年,公元1141 年),《绍兴和议》签订,同年杜充死去。

当时朝中曾有人这样评价杜充:"人有志而无才,好名而无实,骄蹇自用而得声誉,以此当大任,鲜克有终矣。"可谓"实至名归"。

不是在堵口,就是在去堵口的路上

由于黄河决口、漫溢频发,当务之急就是先把口子堵上,因此宋代的堵口技术有了很大的进展。

北宋是黄河堵口技术发展的顶峰期,几乎所有的堵口技术都见诸利用。由于黄河决溢太频繁了,北宋甚至成立了一个具有堤防堵口职能的机构——埽所,用现在的说法就是黄河堤防堵口办公室,其主要职能就是维护堤防安全,并且在堤防决溢时迅速组织抢险堵口。北宋政府对埽所实行一套成熟的管理制度,如官员的派遣、埽所兵员的配置、物料的管理以及责任的追究都有规章制度可循。为了保证实际堵口效果,还经常进行堵口演习。

埽工技术是宋代河防最主要的技术之一。

宋史记载"埽之制作非古也,盖近世人创之尔",埽就是把树枝、石头等用绳子捆紧做成圆柱体,其主要作用就是用来堵口,此外还用来筑堤、护岸。

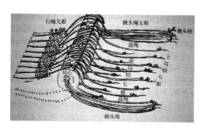

古代卷埽示意图①

黄河防汛抢险技能演练现场
（摄影：王建军）

由于宋代黄河决口太过频繁，埽几乎成了救命的东西，埽工技术也日臻完善。元人沈立编纂的《河防通议》详细记载了自宋以来埽的制作过程，仅工人就要五六百，整个过程敲锣打鼓，彩旗招展，热闹异常。

卷塌下埽之法，凡应用埽箇须卷长十丈、八丈者方稳。高一丈者，埽台要宽七丈，方卷得紧。如遇堤顶狭窄者，架木平堤，名曰软埽台，然后卷下。先将柳枝捆成埽心，拴束充心绳、揪头绳，取芦柴之黄亮者，拧打小缏总系于埽心之上，每丈下铺滚肚麻绳一条。或不必用麻者，即用芦缆，又将大芦缆二条，行绳一条，密铺于小缏之上，铺草为筋，以柳为骨。如柳不足，用柴代之，均匀铺平，需夫五六十名。如长十丈者，共需夫五六百名。八丈者四五百名。用勇健熟谙埽总二名，一执旗招呼，一鸣锣以鼓众力，牵拉捆卷，后用牟杆伐推。

在修埽施工中，按不同需要打几根桩，拴几条绳，俗称"打家伙"，

① 董恺忱、范楚玉主编：《中国科学技术史·水利卷》，北京：科学出版社，2000年。

也叫"下家伙"。家伙的种类与名称很多,不易熟练运用与操作。从今人的眼光看,光是那些繁多的名称,就足以令人眼花缭乱。

等到用埽堵决口,那就更壮观了。

堵口的难点在于合龙。通常堵塞决口要合口时,中间下一个埽,称为合龙。"先行检视旧河岸口,两岸植立表杆,次系影水浮桥,使役夫得于两岸通过。"也就是说首先检视龙口的深阔、水流情况及土质,看清楚形势后"于上口下撒星桩,抛下木石镇压狂澜",接着从两岸各进草占三道,土占两道,并在上面抛下土石包压住,闭口时同时急速抛下土包土袋。合龙后,在占前卷拦头埽压于占上,再修筑压口堤。最后在迎水处加埽护岸,"兼鸣罗鼓以敌河势"。同样是敲锣打鼓,热闹异常。

南宋沈括的《梦溪笔谈》曾详细记录了河工高超的堵口技术,后来还以他的名字将这种堵口方法命名为"高超合龙法"。

庆历八年黄河在商胡决口时,久堵不成。朝廷急派管理财政的要员郭申锡亲自前去督察堵口工作。郭申锡到任后,自然是把北宋的看家本领使上,即刻命令河工将"埽"的两头扎上大缆绳,置入决口中。由于水太大了,不是缆绳绷断,就是"埽"被急流冲走,或者因压不住水的浮力而浮了起来,"埽"落不到河底。河工中有个叫高超的年轻人建议把埽分成三节,每节30米,两节之间用绳索连起来。先下第一节,等它到水底之后,再压第二节,最后压第三节。他还指出其中的原理:如果第一节没堵住水,其水势必减半;等到压第二节时,只需用一半的力;而压到第三节时,就可以平地施工,充分使用人力。而等到第三节都处置好了,前二节自然被浊泥淤塞,不用多费人力。郭申锡起初并未冒险采用这种方法,直到河北安抚使贾昌朝亲自过问才启用高超的方法,并一举成功。贾昌朝因怨郭申锡耽误工夫,事后还向朝廷奏了一本,郭申锡也因此被免职。

除了常用的大埽外,北宋还创造了磨盘埽、月牙埽、鱼鳞埽、雁翅埽、萝卜埽、扇面埽等各种类型的埽,这些在宋、金、元的史料中都有详细的记载。后文提及的元代贾鲁曾采用"疏塞并举"的方法成功地堵塞了白茅决口,有人认为这是贾鲁的创新,其实这一方法早在北宋时就已应用于当时的曹村堵口了。

有宋一代,黄河治理不可谓不用心尽力,然其实际效果实在乏善可陈,唯堵口技术有长足进展。

第四章
贾鲁:风雨飘摇的末代河官

辽被宋、金联手剿灭之后,宋、金则继续征战。不料在此期间,蒙古族顺势兴起,面对强悍的蒙古兵马,金和宋这一对难兄难弟相继走向末路。公元 1271 年,元世祖忽必烈建国号大元,不久便消灭南宋,完成国家统一。

元朝的历史十分短暂,加之又是蒙古族入侵,众多历史学家甚至把它称作中国历史上的小插曲,但其开创

贾鲁像

的国土面积却为历代之最,对当时世界版图的影响也最为久远。

在元政权短暂的九十六年期间(1271—1367),自第四次大改道伊始,黄河南流对淮河水系的纷扰就连绵不断,而元后期持续加剧的黄河北泛又对元的漕运和盐税系统产生严重威胁,正是值此风云际会之际,贾鲁集十数万之众,史无前例地在大洪水期开工治河。仅以九十日之短暂时间,有条不紊地疏汴渠、修北堤、堵决口,不但完全消

除了北泛对京杭大运河的威胁，而且使得南流所经的汴渠、泗水、淮水等诸水系均能复其故道、舟楫通行，令人称叹不已。

面对波澜壮阔的历史大潮，一个人的力量总是有限的，河之危局可解，政之大势已去。也算是冤有头、债有主，一度恢宏的元政权终于被受其骚扰多年的淮河流域农民军轰然击溃。在风雨飘摇的末代，贾鲁治河之恢宏功绩并未能挽救业已腐朽的元政权，甚至自己亦病死于军中，但其治理黄河之举带来的福祉，却一直为后代百姓所念念不忘。落寞的故道虽早已没有昔日的风采，却被冠以贾鲁河的名字一直流传至今。

美好时光

贾鲁（1297—1353），字友恒，山西高平人。

公元 1297 年，贾鲁出生于一个普通的平民家庭。

这一年，意大利那位著名的旅行家马可·波罗刚刚完成了他在中国十七年的游历，取道波斯，回到他的故乡威尼斯。

他带回无数的东方奇珍异宝，一夜之间成为威尼斯的巨富。他向众人描述了元时期中国的繁盛昌明：繁华热闹的集市、镶嵌着黄金的宫殿、舒适快捷的驿站交通、普遍流通的纸币以及穿着绫罗绸缎的百姓，激发了家乡人对东方世界无限的好奇心。

在回国的第二个年头，马可·波罗在一次保卫老家威尼斯的海战中被热那亚军队俘虏了，彼时身陷囹圄的他难免添油加醋地向狱吏描述他在中国旅行的神奇经历，并编撰了那本著名的《马可·波罗游记》。

这给当时还信奉"天圆地方"的中世纪欧洲带来一场不啻为想象力革命的思想盛宴，无数西方人怀揣着对东方文明的无限神往扬帆

（元）刘贯道《元世祖出猎图》,绢本设色,182 厘米×104 厘米,现藏于台北"故宫博物院"。此图所绘元世祖于深秋时节率随从出猎的情节。画面上荒漠广袤无垠,远处沙丘起伏,驼队缓缓而行。近处元世祖忽必烈及随从勒马暂驻,其身旁为衣着华丽的夫人。

远航,从而诞生了意大利的哥伦布、葡萄牙的达·伽马、英国的卡勃特等众多的航海家和旅行家。

由于那时候东西方经济社会发展的差距实在太大,在很长一段时间内,马克·波罗撰写的《马可·波罗游记》都被认为是神话,被当作"天方夜谭"。

马可·波罗还给故乡做了一个特别的贡献:他见到元朝宫廷里有人戴眼镜,对此很感兴趣,回国时就顺手捎带了几副。所以在西方最早制造眼镜的就是马可·波罗的老家威尼斯。

贾鲁出生的年代是元朝少有的美好时光,正如那位贸然来到中国的马可·波罗所描述的元大都北京的繁荣景象一样。公元 1279 年,一代天骄成吉思汗的孙子忽必烈以极其惨烈的方式一举消灭南宋

黄河流域水车引水灌溉及粮食收获图

的残兵败将,并凭借其马背民族特有的勇猛和剽悍,最终建立了中国历史上疆域最广阔的王朝。

蒙古兵马入主中原后,听到被人称作"蛮夷之人",不免皱起眉头。而时间一长,也慢慢感受到农耕文化的好处。刚开始还骑着马到处撒草籽,后来发现还是庄稼地里种的大米白面好吃,很快先进的农业生产便代替了蒙古族的畜牧生产,海运也日益发达,中外交往变得十分频繁,技术交流则更加迅速。经济的起步带动了手工业与商业的发展。漕运、海运的畅通及纸币的流行,使得商业繁荣起来,元从而成为当时世界上最富庶的国家之一。

货与帝王家

少年贾鲁聪慧好学。尽管当时社会经济获得很大的发展,但毕竟元朝统治者是游牧民族出身,享受着中原文明的快意,骨子里却尚武轻文,对读书向来不以为然,又歧视汉人,因此特别看不起汉人儒生。元世祖忽必烈曾说"汉人惟务课赋吟诗,何益为国"。

社会上的读书人,受尽十年寒窗苦,目的只是"学成文武艺,货与帝王家",出将入相,列鼎而食,施展自己的才华与抱负。诸多汉人文官本身就受到民族歧视,再加上晋升无望,大多是从事底层的管理工作,混迹于娼丐之间。

由于地位低下,又囿于前朝宋儒士气的影响,难以在仕途上施展自己的政治抱负,文人儒士难免产生"空觉此生浮"的感悟,以寻求精神上的逍遥,或寄情于诗画曲艺,或归隐于山林。

黄公望于公元1350年以他晚年隐居地富春江畔两岸秋色为主题,历时七年绘制了《富春山居图》,画中峰峦起伏,云山烟树,怪石苍松,平溪村舍,野渡茅亭,渔舟出没,是该时期归隐题材的上乘之作。由于具有极高的美学价值和扑朔迷离的神奇经历,被誉为画中兰亭。

大多文人儒士在抱怨生不逢时的同时,目光短浅、不思进取。贾鲁则不同,他虽知地位低微却志向远大,熟读史书,谋略过人,曾在同级官员业绩考试中获得第一名。不但如此,贾鲁的书法还自成一家,据说是"取法于魏晋,气骨仓稳,绝去近世俛巧之态",遗憾的是并未流传下来,对于此中意境,我们也就只能悠然而神往了。

元朝初年物质积累丰富,达官显贵们逐渐沉迷于安逸休闲的中原生活。想想都心旷神怡:在雕着福字的圆桌前坐定,山珍海味川流不息地端上来,小曲悠扬,侍女翩翩起舞,怎一个惬意了得。

酒足饭饱,少不了沏一壶提神养胃的龙井茶,杯盏轻盈地端上来,白玉般光洁的底座,杯壁是晶莹剔透的青花,衬托着新茶才有的翠绿,精致或者优雅,你甚至很难找到一个词来形容它。主人倒不是太讲究,一看,果真是汤清叶绿,便啧啧称赞,满上满上,于是满上。

吃得好了,喝得好了,品味自然也高雅起来。茶余饭后,古董呀,字画呀,也都一字摆开,不管懂还是不懂吧,总要上上下下、里里外外地仔细端详一番。

（元）黄公望《富春山居图》

中国古代水墨山水画的巅峰之作，笔墨洗练，意境悠远，描述了当时崇尚的归隐生活。该画于清顺治年间曾遭火焚，断为两段。前半卷被另行装裱，重新定名为《富春山居图·剩山图》，现藏于浙江省博物馆；后半卷被装裱后则定名为《富春山居图·无用师卷》，现藏于台北故宫博物院。

此番情景，要比起以前的生活，实在是不可同日而语。时间一久，享乐也就成了风气。

曾经在草原上征战南北的战袍、头盔，被绵软舒适的锦服、顶戴所替代；过往草原上简单的军粮，如今已是精美绝伦的玉盘珍馐；城市经济的迅速发展又催生了国民的奢靡享乐之风，宏大的剧场、活跃的书会此起彼伏,婉约恬静的江南女子和浓情似火的西域佳丽风情辉映,日夜不绝的观众使得元曲这种文艺形式空前繁荣。

元朝表面上的繁荣已难掩其内部的危机四伏。

到元顺帝(1340—1370 年在位)即位时,元朝政治的腐败已经到了十分严重的地步。当时的贵族王侯可以随便杀人,还能推荐自己人做官,至于帮人打官司摆平官府更是不在话下。作为外族统治者,蒙古、色目的官吏,已经到了鲜廉寡耻的地步,用五花八门的名目到处讨钱,下属来见有"拜见钱",逢年过节收"节钱",迎来送往有"人情钱",甚至于郡县的长官都可以用钱买,如果有几个人争一个好位置的话,那就谁出的钱多谁去上任。

这样的官一旦上任,自然是先把花的钱弄回来。宁德县尹(知县)赵某标榜清正廉洁,甫一上任便广而告之,某月某日是本官生辰,诸色人等不得送礼。等日子一到,其手下众人自然是各献财礼,他推诿一番后悉数收下;临走时,又说,某月某日是夫人的生辰,你们切莫再送了。

当时流传的元曲以直白的方式反映了当时深刻的社会矛盾:

中吕·朝天子·志感

不读书有权,

不识字有钱,

不晓事倒有人夸荐。

老天只恁忒心偏,

贤和愚无分辨。

折挫英雄,

消磨良善,

越聪明越运蹇。

志高如鲁连,

> 德高如闲塞，
>
> 依本分只落的人轻贱。

军队，乃国之重器，在这样的大背景下也变得乱象丛生。

因为太平盛世多年，骑马射箭早已变成了兵营惯常的盛装表演，部队也都扎堆在繁华都市，谁也不愿意打仗。军官个个脑满肠肥，会吃会喝会玩。本事不大，脾气还不小，有事没事就欺压百姓。想当年叱咤风云的蒙古铁军，至此已经沦落为一帮色厉内荏的无赖泼皮。

最惨的要数老百姓了，受人欺负不算，由于天灾频仍，水灾、旱灾、蝗灾、瘟疫接二连三的打击，整个农村地区人烟寥落，鸡犬声稀，一片凄凉暗淡的景象。

此时，前朝大臣伯颜独揽大权，根本不把顺帝放在眼里，至元元年（1335），他当着顺帝的面把皇后牵出去处死。伯颜对汉人实行高压政策，他下令严禁汉人私造私藏兵器和喂养马匹，取消了汉人进入仕途的主要渠道——科举，甚至一度想杀光张、王、刘、李、赵五姓汉人。

元杂剧《看钱奴买冤家债主》书影

看到伯颜权势日焰，他的亲侄子脱脱深感事态严重，担心伯颜一旦有杀身之祸，可能导致九族被灭，加之其深谙民族和解对维护元统治的重要性，于是大义灭亲，主动配合顺帝发动政变，驱逐了伯颜。

在顺利掌握统治大权后，面对日益加深的社会危机，应该说即位之初的顺帝还是慨然以天下为己任、励精图治，他即刻任命脱脱为丞相，大刀阔斧地废除前朝伯颜"旧政",推行一系列新政。

针对蒙古贵族亲王与汉族士大夫、官僚体系及普通百姓日益尖锐的矛盾,元顺帝下令恢复一度废除的科举取士制度。他认为有此制度,家家读书,人人思举,人读书则不敢做坏事,而读书人以君臣孝道为纲,于治道大有裨益。所以,科举之兴,既笼络了汉族士人,又冲淡了民族隔阂,还能消解民间造反之心,可谓一举三得。

此外,元顺帝从自身做起,大力减少宫廷开支。他不但裁减冗余的宫女和宦官,还走出深宫大院,耕种田地,体会稼穑之艰辛,粮食之不易。政府节俭之风一度盛行,各项支出大幅下降,也相应降低了当时的主要财政来源——盐税,很大程度上平息了以往沉重的苛捐杂税所导致的民间抱怨。

此外,针对蒙古贵族的胡作非为和不思进取,政府还推出了以官员廉政为中心的一系列政策,如定荐举守令法、遣奉使巡行天下,严厉查办地方官员违法犯罪行为,打击了一批受贿、占田的贪官。

所有的改革以律令的形式予以颁布。至正五年(1345)十一月颁布《至正条格》并于次年实施,以完善法制。由于上述种种措施的出台,元朝政治一度显得非常清明。尽管因为政治争斗的原因,此间脱脱曾一度辞官归乡,但总体来说,这个时期整个朝政还是在其新政的体制下运作的。

在脱脱新政的具体实施过程中,有三件事饱受争议,史学界甚至认为它们直接导致了元朝的灭亡,那就是修史、印钞和治河。看似毫不相干的三件事,对于我们的主人公贾鲁而言则是其命中注定难以逃脱的藩篱。

首先,自开国皇帝忽必烈推行"汉法"以来,蒙古贵族内部围绕着继续推行"汉法"还是抵制"汉法"的斗争一直很尖锐。对于长期以来辽、金、宋三朝谁为"正统"的问题,朝野争论不休,统治集团内部民族矛盾异常尖锐,甚至一度撼动其统治之基。脱脱竭力消除前朝影响,力排众议,强调各为正统,一律平等对待。并任命蒙古人铁木儿塔识、欧阳玄、贾鲁等二十余人任史官,撰修辽、金、宋史。

《宋史》系统而详细地记载了前朝宋代的天文历法、典章制度、社会经济、行政军事及文化典籍等,虽然其间不无错谬芜杂,在学界历来受到后人指责,但其记述之翔实、叙事之完备亦为二十四史中所仅见。史官在封建时代是极高的政治荣誉,只有品行端正、清正廉洁而且有威望的官员才能担此重任,正是在《宋史》的修订过程中,贾鲁第一次走入丞相脱脱的视野。

再就是印钞,也就是通过发行纸钞代替既有流通的货币通宝。自元武宗以来,由于大兴土木,货币发行猛增且不断贬值,到顺帝执政期间已经形成了巨大的财政压力,再加上伪钞横行,钞法已经败坏不堪。当时朝廷主流的意见是发行新的纸钞,且"以楮币一贯文省权铜钱一千文为母,而钱为子"。

对此,集贤大学士兼国子祭酒吕思诚坚决反对,认为"钱钞兼行,轻重不伦,何者为母,何者为子?汝不通古今,道听途说,何足以行",并且对脱脱大声疾呼:"我有三字策,曰行不得,行不得!"这近乎歇斯底里的反对并没有触动决心已定的脱脱,吕思诚很快就受到了压制,元顺帝至正十一年(1351),新钞与通宝同时发行。

新钞的发行使得政府的财政危机暂时得到缓解,也最终促使脱脱下决心来解决困扰元政府多年的黄河水灾问题。

贾鲁全程参与了脱脱快节奏实施的新政全过程。他曾担任地方官,拥有基层工作经历,在担任工部郎中期间又逐步积累了工程建设的实际经验,对民情及社会问题相当了解。其性格耿直,敢作敢为,一度"上万言书,直言时弊",在众多混时度日的元朝官员中独树一帜,也在执行脱脱新政的过程中逐渐得到赏识。

后来在元政权危机四伏之际,贾鲁被脱脱任命为工部尚书应急治河,虽然情非得已,亦属水到渠成、顺理成章。

河之势

实际上自前朝南宋大臣杜充在河南滑县决口以阻金军追击以来,黄河就告别北方故道而沿东南向流入泗水,夺泗入淮。

对于杜充决河形成的这条黄河流路,我们总觉得似曾相识。没错,它大致与西汉初年武帝时期瓠子决口的线路一致,入大野泽而进入泗水。不入流的杜充,竟然也能通过这种方式和彪炳史册的汉武大帝发生些许关联,而瓠子决口正是黄河在历史上第一次大规模地入侵淮河流域。

宋朝廷偏安于杭州以后,金国更是任由黄河南犯,浸漫南宋领土,南岸堤防频溃,黄河屡屡夺濉入泗、夺泗入淮、夺涡入淮、夺颍入淮。

下图是自南宋初年杜充决河以及整个元朝时期黄河流路的变化情况。从图中可以看出,自南宋初年(1128)黄河南向侵入淮河以来,实际上黄河是在整个淮河流域频繁摆动,而且支流众多。到了公元

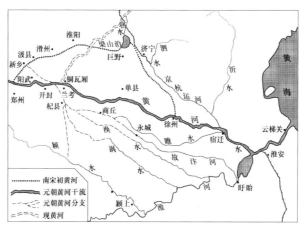

元时期黄河河道示意图(绘图:杨明)

1194 年，黄河在阳武（今河南原阳）大决口后，经封丘、徐州入淮河的支流便成了其中最大的一条，我们一般也把这条流路称之为第四次大改道以后，元朝时期的黄河干流。实际上，这也正是后来贾鲁治河所竭力想恢复的"河之故道"（古汴渠）。

清人胡渭曾对这一时期的黄河河势进行了总结，"盖自金明昌甲寅（1194）之后，河水大丰入淮，而北清河之流犹未绝也，下逮元世祖至元二十六年己丑，会通河成，于是始以一淮受全河之水"。

也就是说，自公元 1194 年黄河南向决口自江苏大丰入淮之后，杜充决河以来所形成的北向流入大清河（古济水）故道的水流虽小，但并未完全断绝。非但没有断绝，其南北两支分别进入黄海、渤海的状态还非常稳定，这种状况一直维持到元世祖二十六年（1289）。

从元朝开始，黄河逐渐离开游荡千年的河北平原，形成以南向流经淮河流域交错水网为主的新局面，这是黄河史上的一个重大变化。

很容易记住的淮河水系

读者诸君初次看到淮河水系这么多的支流，可能会有些昏昏欲睡的感觉，其实只要简单理解一下，就可以很容易记住。

淮水，是我国古时的"四渎"之一

淮水（今淮河）发源于河南省南阳桐柏山主峰，全长约一千公里，其在黄河下游河道南侧 500 公里的位置大致与现在的黄河河道平行，东向流入黄海。淮河流域地跨河南、湖北、安徽、江苏和山东五省。元时期，淮水在洪泽湖以西的干流大致与今天的淮河相似，下游则流经今江苏省盱眙县后折向东北，经淮安市于云梯关入海。

泗水、涡水、颍水是淮水的支流

泗水是古淮河最大的支流。泗水位于黄河东北侧，黄河在东北决口时常常夺泗而入淮;而涡水、颖水则位于黄河南侧,黄河向南决口时,则三条支流常常并行,成为黄河入淮的河网。

沂水、沐水、濉水则是泗水的支流

在今人眼中,泗水只是毫不起眼的小河流,然而在历史上却颇为有名,因泰沂山脉南麓的趵突、洗钵、响水、红石泉四源并发汇流成河而得名,仅仅是闻听这四个诗情画意的泉水名称,便知此水源头必定是人间仙境,众多文人墨客也在此留下足迹。

孔子面对川流不息的泗水,发出"逝者如斯夫,不舍昼夜"的慨叹;唐代大诗人李白则挥毫泼墨"秋波落泗水,海色明徂徕"。

或许,我们更喜欢朱熹笔下的意境:

春　日

胜日寻芳泗水滨,

无边光景一时新。

等闲识得东风面,

万紫千红总是春。

这么优美的风景,如此动人的典故,还有我们最崇敬的先贤,总会让我们对这几条河流难以忘怀。

在历史上,黄河、淮河水系从来都不是孤立的。元朝时期,中国版图上众多的水系,因为京杭大运河的修建而得以融会贯通。下图为元时期京杭大运河与全国主要水系连接的示意图。

自元朝开始,中国的首都首次离开黄河流域。定都北京后,改称元大都,众多的人口、庞大的官僚机构及奢靡的宫廷生活,所要求的物资运输量成倍增加,每年要有数以百万石计的粮食及各种物资源源不断地从江南征收运来。

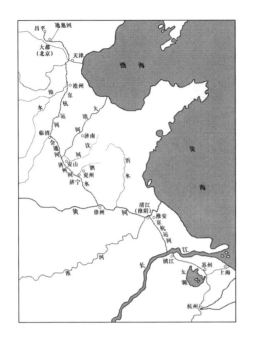

元代京杭大运河与全国主要水系连接示意图（引自《黄河水利史述要》）

由于运河成为北京城的经济命脉，民间所谓"漂来的北京城"说的就是这个意思。为保证漕运，元政府几乎无所不用其极。

世祖二十六年（1289），朝廷在隋唐时期既有运河河道的基础上，又开挖部分人工渠道，并借用部分天然河道，第一次修建了贯通南北的京杭大运河，把北京至杭州之间的所有天然河道和湖泊连接起来。

他先是花了十年时间将济南和临清之间（会通河）、通州和大都之间（通惠河）开通。

对于淮安至济宁之间的运河，则巧妙地借用天然的泗河水道，以徐州为界，让徐州以北的泗河成为与济州河、会通河相连的运河河道；徐州以南的泗河，作为运河航道兼黄河水道，形成一河三道的独特局面。

其余的部分则借用隋唐时期既有的运河河道。

这一时期，为了避免迁延不定的黄河影响京杭大运河（会通河河段）的航运安全，北岸的堤防不断得到加强，自南宋以来北向流入大清河(古济水)的那条分支故道就彻底断了流量,黄河自此开始全部南向流入淮河进入黄海。这也正是前文提及的"逮元世祖至元二十六年己丑,会通河成,于是始以一淮受全河之水"。

箭在弦上

元朝初期,黄河南向流淌,虽然给淮河流域带来了不少麻烦,但是逐渐适应了这一带的地形特征,河道也渐渐趋于稳定。京杭大运河的通行,使得长江、黄河、淮河、钱塘江等水系全网联通,漕运南北通畅。应该说,如果这样维持下去,也算是黄河历史上难得的好局面。

不过,现实并非总如理想那般丰满。

随着南向流动时间的延长,淮河流域的河道不断淤积也在所难免,河道流路的情况相应地发生了新的变化。

元大德元年(1297),黄河在河南杞县决口,虽然仍是南向,但是由于杞县涡河的河道淤积严重,南下水流不畅,导致大河主流转向东

京杭大运河杭州段今貌

流,经归德州、徐州入泗水,至此整个河势又有了北徙之势。

元至大二年(1309),黄河再次于归德(今商丘)、封丘决口,南面自不必说,"水势南至归德诸处",令人不安的是主流进一步北趋,已经"北至济宁地分",当时的河北河南道廉防司指出:"今水势趋下,有复巨野、梁山之意。盖河性迁徙无常,苟不为远计预防,不出数年,曹、濮、济、郓蒙害必也。"

廉防司说的没错,等到了元泰定年间(1324—1328),黄河的洛阳、开封、原阳县也相继决口,而至顺元年(1330)的相关文献中,也有河北大名路长垣、东明和曹州济阴县决河的记载。

由于北岸不断溃决,南边分流的水就少了,导致在荥阳分水的汴口无法调水通航。开通济渠后所形成的南归黄海的黄河之水,又改回北趋渤海。虽然汴河不能通行了,黄河的北决,却给泗水补充了水源,泗水逐渐代替了汴河的部分通航功能。北决虽然造成了沿岸的重大灾难,但由于元政权当时被四面蜂起的农民起义军弄得手忙脚乱,无暇顾及,就一直这样拖延着。

元顺帝至正四年(1344),也就是元朝开国的第六十五个年头,这一年夏天,因为下了二十多天大雨,黄河水暴涨。山东曹县白茅堤、金堤相继溃决,平地水深达到六七米,河南、山东、安徽、江苏等地成为千里泽国,沿河州郡百姓流离失所。

与以往的黄河灾害不同,此次河患的一个重要特点,是水势北侵终于影响到京杭大运河,浸延至济南、河间一带,这也就直接威胁到京杭大运河的中枢会通河以及两槽盐场的安全,朝廷供给随时面临全部断绝的危险。实际上,至正四年白茅决口后,朝廷便慌了手脚,但看到会通河仍能通航,两槽盐场也运行无碍,便把河事搁置一边。

情势如此危急,问题到了必须要解决的时候了。

脱脱于是派工部尚书成遵、大司农秃鲁、贾鲁等人到实地考察:"自济蹼汴梁大名,行数千里,掘井以量地形之高下,测岸以究水势之

海卤煎盐　　　　　　　　　池盐生产

元代很多沿海地区利用地势，修筑了一系列盐池将海水导引其中，
生产食盐。由于实行政府专卖，稳定的盐税成为政府重要的财政来源。

浅深，遍阅史籍，博采舆论。"贾鲁和成遵等人都进行了大量的调查准
备工作，但得出的结论却完全相反。

成遵等人认为："河之故道，断不可复，且言山东连歉，民不聊生，
若聚二十万众于此地，恐他日之忧又有重于河患者。"并说："腕可断，
议不可易。"

他的主要理由是：一是工程浩大，难以完成；二是当前社会不稳
定，盗贼成群，一旦盗贼与民工相勾结，将会兴起大乱。成遵所言不
能说不对，他深谙历代治河者所承担的重大政治责任和风险，而实际
上日后状况也不幸被其言中。

成遵等人只是告诉朝廷，河不能治，但是对于怎么解决事关政权
存亡的航运、盐场等问题，并没有提出切实可行的解决方案。

比如一人孤身在海岛上，口渴难耐，你说千万不要喝海水，可不
喝海水喝什么水？你总要给个解决方案，如果不能提出替代方案，那
他只能暂且喝海水，反正横竖都是死，先解渴再说。因此，即便在今
天来看，其建议没有被朝廷接纳也在意料之中。

而贾鲁则"乘其精神胆气之壮"，上疏陈述对治黄形势的看法，认
为河必须要治，而且提出了具体的解决方案，"必疏南河，塞北河，使

复故道。役不大兴,害不能已"。

应该说贾鲁还是有战略眼光的,如果只是为了保护京杭运河与盐城,只需把白茅决口堵住,让河返回南流入淮即可。内交外困之际,他还能以元政府千秋万代基业为重,从长计议、一劳永逸地解决黄河致灾问题,即疏通元初的黄河故道,使河回归东南经徐州入海,此非仅仅解决时下紧急问题的权宜之计,其利长远。

当然,贾鲁方案的最关键问题是工程量浩大,这也导致当时两派的争论异常激烈。

正被沿黄两岸州县官员雪片般飞来的灾情报告弄得焦头烂额的丞相脱脱却决心已定,说:"事有难为,犹疾有难治,自古河患即难治之疾也,今我必欲去其疾!"并要贾鲁来负责做这件事。

实际上,在风雨飘摇的末代,贾鲁虽历陈其治河主张,但并不愿意负责这个事。史书记载:"丞相……与鲁定议,且以其事属鲁。鲁固辞,丞相曰:'此事非子不可。'乃入奏,大称帝旨。"

看到贾鲁推辞不干,脱脱就假称皇帝让干的,不干?那就是抗旨不遵,是要杀头的。贾鲁心想,宠辱得失虽然早已置之度外,但这生死一念至今尚未能超脱,实在不行,那就干吧。丞相脱脱也顺水推舟,随即任命贾鲁为工部尚书,工部是六部中工部的最高长官,全权掌管全国屯田、水利、土木、工程、交通运输事务。

人员各就各位,手头也还有些余钱,再加上汛期也快到了,脱脱也不能再拖了。顺帝至正十一年(1351)四月,皇帝下诏,正式启动治河工程。

贾鲁不愿意接这个烂摊子,自然有他的苦衷。一旦接下这件事,贾鲁不仅要面对严峻的治河形势,身边还有更多的烦心事。

当时朝廷对治河的争议很大,大多数朝廷官员赞同原工部尚书成遵的观点,不同意开工治河,内部官僚的争斗十分紧张。成遵因反对治河而去职,也加深了贾鲁与反对治河派的矛盾。

更重要的是当时的社会矛盾积聚、民怨甚重,官民关系如同水火不能相容。集权统治下的苛捐杂税已经让百姓痛苦不堪,加之大河决口已经七年,每逢汛期的洪水泛滥早已把沿岸民众的家业消磨殆尽,民众亦疲惫不堪。

尽管朝廷安民告示屡屡提及治河安澜,为民谋万代之福,然而民众对于外族统治者历来口惠而实不至的做派早已厌倦。如今治河开工,必然要摊派新的徭役,这让正处于水深火热的黄泛区民众必然会产生对其始作俑者的怨恨。

所以说,贾鲁治河,并非你情我愿,因为深知此事出力不讨好,实属不得已而为之。

有勇有谋

既然接下了这桩差事,则再也没有退路。纷繁复杂的治河困境,在有勇有谋的贾鲁面前被一一化解,渐次勾画出清晰的线路图。

甲　挽河南流,以复故道

贾鲁最初的治河目的是保护漕运。黄河北流必然影响京杭大运河会通河段的通行,所以挽河南流恢复故道,以解除对运河航运的威胁,同时也避免了黄河北泛对盐场的侵扰,正是其治河之举的出发点。

乙　疏、浚、堵并举

贾鲁最初给朝廷提供了两个比较方案:"一议修筑北堤以制横溃,其用功省;一议疏塞并举,挽河东行,其功贵甚大。"朝廷之所以不惜耗费巨资决意采用后一方案,与挽河南行的根本出发点是一致的。

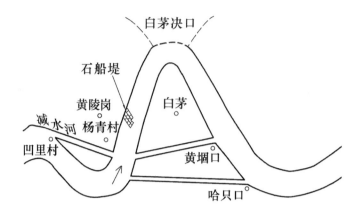

贾鲁治河想象图①

作为水利专家,贾鲁深知要想顺利挽河南流,绝非仅仅将北流决口一堵那么简单。在此之前,必须要为南流之水准备好出路。因此,在堵口之前,花费了大量的人力物力对严重淤塞的故道进行了疏浚作业。

丙　精细筹划

直面纷繁复杂的黄河乱局,方可见贾鲁抽丝剥茧的非凡功力。民国时期吴君勉先生曾作过一幅"贾鲁治河想象图"。

从上图中可以清晰看出,贾鲁将其治河工程的五个主要组成部分——疏浚故道、开减水河、堵塞黄陵岗、石船堤障水和最终的堵口合龙——进行了十分巧妙的配合。在六百多年前,贾鲁就能够采用这样复杂的治河技术,用系统的方法去观察技术问题并加以解决,就是从现代科学的观点来看,也是相当合理的。

按照工期计算,等到黄河故道疏浚完成,黄河已经进入主汛期了,治河成败在此一举。因为必须要一举成功,否则"恐水尽涌入决

① 吴君勉:《古今治河图说》,南京水利委员会,1942 年,页 39。

河,因淤故河,前功遂隳"。所以,贾鲁最终采用了汛期堵口的冒险行动。

而整个工程最关键、最精彩的部分,也正是汛期的堵口合龙工作。

对于黄河这样一条大河来说,汛期堵口合龙,即便是在现在,也绝非易事。贾鲁又是怎样做到的呢?

前面我们说过,贾鲁在堵口过程中,其先疏后堵的思路其实在北宋时期就早有应用。贾鲁的创新在于首次运用石船堤障水法。他精心挑选了 27 艘大船,组成 3 个直行船队,每队 9 艘,船与船之间用铁锚固定,船中装满沙砾、石子。众人划桨,吼声震天,等到了决口位置时,又同时凿穿船底让船队一起下沉,用厚重的船体将决口死死堵住。

等到最后合龙时,洪水水势暴涨,船基撼动,"观者股栗,众议腾沸,以为难合",贾鲁作为现场最高指挥官,此时完美体现了其"临大事而不乱"的行事风范,镇定自若,对施工人员"日加奖谕,辞旨恳切,众皆感激赴工"。

要知道,贾鲁当时的身份是工部尚书,相当于今天的国务院副总理兼水利部部长,如此高官不但规划设计了整个治河工程,还亲自在现场指挥施工,同时,又善于做老百姓的思想工作,"日加奖谕,辞旨恳切",使得"众皆感激赴工",才最终顺利完成了至关重要的堵口合龙工作。

或许你会说,贾鲁堪称封建官僚之楷模。实际上,从工部尚书到小县令,历代河官对黄河的防洪问题无不战战兢兢,如履薄冰,丝毫不敢懈怠。你还会发现历史上的一个有趣的现象,如果黄河哪里决口了,第一个跳到河里堵口的一定是县太爷,因为如果黄河决口,县官治水不力,便是死罪,这也是古话"黄河决了口,县官活不成"的由来。

不知道贾鲁看到河中那些庞大的船队,是否会想起开国皇帝忽必烈远征日本的往事。元在版图极盛时期曾先后两次伐日,均无功而返;两次遣使赴日,使者也被羞辱且斩首。盛怒之下,忽必烈下定决心第三次征日,造船千艘,并进行了大量的战争储备。由于种种原因,最后的伐日战争并未成行,反倒给当时的造船业带来了重要的发展机遇,成就了元时期当时世界上最大的造船工业。贾鲁想到用巨大的船只逆行堵口,也才成为可能。

宰相脱脱的行事果断和贾鲁的执行力的确让人佩服。仅用十八天时间,在汴梁(今开封)一带集结农民工十五万人,为了防止民工与盗匪勾结作乱,还从庐州(今安徽合肥)抽调军人二万维护现场秩序。在雨季到来之前,全部完成河道疏浚工作;八月,将改道的黄河水重新引回故河道;九月,漕运恢复,"舟楫通行";十月,沿岸补筑、新修堤防全部修成。

自此,黄河自黄陵岗以东河道改在徐州会入泗水,重新"东流入海"。

亲历整个过程的贾鲁,对治水之法已经深有感慨:"水土之功,视土工之功为难;中流之功视河滨之功为难;决河口视中流又难;北岸之功视南岸为难。"为解决这四难,在治河实践中,他总结出独特的"用物之效":"草虽至柔,柔能狎水,水渍之生泥,泥与草并,力重如碇。然维持夹辅,缆索之功实多。"古时没有钢筋水泥,只有柴草、木桩、土石、铁索、竹缆,但就是利用这些原始之物,他于风雨飘摇之际、洪水滔天之时,实现了对黄河的成功治理。

治理黄河的任务完成以后,贾鲁画了一幅"河平图"呈给皇帝。自古书画不分家,贾鲁写得一手好字,其画作看起来也还算周正。顺帝十分高兴,官升一级,授予他荣禄大夫(从一品)、集贤大学士,并命元朝大文学家欧阳玄制作《河平碑》文以表彰此次治河的功绩。

欧阳玄曾在堵口现场访问了贾鲁本人,并在其《至正河防记》中不惜笔墨详述贾鲁治河的施工技术及过程。西方一般认为世界上最早的记者产生于 16 世纪的欧洲,实际上早在两百多年前的 14 世纪,欧阳玄就已经开始通过采访当事人来记录新闻事件了。

"知我罪我,其惟春秋"

宰相脱脱和工部尚书贾鲁无论如何也不会相信,治河工程的启动,正式拉开了元朝灭亡的大幕。

元末官僚骄奢淫逸,大肆挥霍浪费,弄得国库虚竭,财政极度困难;被逼无奈而无限印钞又导致物价飞涨,加之大规模治河工程的启动,新添了民众的徭役负担,导致民怨沸腾。

韩山童等人抓住贾鲁修河这一时机,在开工前,先凿好一个独眼石人,在其背上镌刻"莫道石人一只眼,此物一出天下反"字样,做旧后预先埋于贾鲁预改道黄河经徐州入泗水的必经之路黄陵岗(今山东曹县)附近的河道上,同时散布民谣:"石人一只眼,挑动黄河天下反。"

元至正十一年(1351)四月下旬,开河民工挖出独眼石人,消息传出,人人惊诧,民心躁动。

时间终于到了五月的这一天。

大地被惊雷撼动,狂风、暴雨和闪电交织在一起,撕裂了天空。黄河两岸的坡地上,到处都是起义的农民,家家户户相约包起了红巾,扛着家里的竹竿锄头,有的还带着菜刀板斧,瓢泼大雨也淹没不了农民军的怒吼,积淀多年的怒火终于在这一刻爆发,这就是历史上著名的红巾军起义。

红巾军的首领是韩山童、刘福通。事情的发展远超出预料,等到了十月份时,农民军已经"众至十余万,元兵不能御",而且在红巾军的影响下,全国各地的农民也纷纷响应。

朱元璋(幼时名重八),原本是红巾军部左副元帅,因其在淮河流域发展迅速,势力不断壮大,后来背叛红巾军,独树旗帜。由于他打仗不怕死,又工于心计、善于笼络人心,最终修成正果,于公元 1368 年正月在南京称帝,建元洪武,国号大明。

虽然在农民军的打击下灭亡了,但是元朝一帮人马毕竟是从大草原过来的汉子,倒也十分洒脱,丢了江山,既不忠于社稷慷慨赴死,也不留在宫中行禅让之礼,而是径自打开后宫北门,策马扬鞭北去。不知道脑海中是否还回味着过往夜夜笙歌的快活日子,当然还有那"汤清叶绿"的龙井茶,总之是一溜烟跑回大草原,继续去过他百年前逍遥自在的旷野生活。

后人对贾鲁的评价也莫衷一是。

清初胡渭虽然赞赏贾鲁"巧慧绝伦,奏功神速前所未有",但又责备贾鲁一味地保护惠通河而放任黄河乱淮。他痛惜贾鲁生逢乱世,认为贾鲁若生于汉武帝和明帝时代,则必然能复禹河故迹,并大大超过王景的功业。他认为贾鲁治河实为"功成而乱作"。

清代康熙年间河道总督靳辅认为贾鲁治河犯有三忌:治河无日无夜地劳役丁,民不堪其扰,是为一忌;正值秋水暴涨之时堵口合龙,"不审天时",是为二忌;春夏农耕时节,集十数万军民兴役,"不念国家隐忧",是为三忌。所以他认为:"犯三忌以成功,盖以治河则有余,以之体国则不足。"

明代河官潘季驯的评价则颇为正面,他认为,"贾鲁治河,亦是修复故道,为我国家开创运道,完固风洒二陵风气,岂偶然哉"。他对那种认为贾鲁治河是劳民动众、最终导致元朝灭亡的论点并不苟同。他以为,元朝之所以灭亡,"实基于上下因循,狃于宴习,纲纪废弛,风俗偷薄,其致乱之前,非一朝一夕之故,所由来久矣,不此之察,乃独归咎于是役,是徒以成败论事"。

作为一个水利工作者,每每看到类似潘公这般公允的评价,内心总会十分满意地予以赞许。实际上,由于元时中国疆域巨大,各地情况复杂,一旦国道中落,陷入颓势,则积重难返,很难逃脱更替之窠臼,更无从归怨于一人一事。

后世的众说纷纭还有一例。明代著名的骚人墨客蒋仲舒还曾经在贾鲁故宅的影壁墙上看到一首无名诗,看似普通百姓路过贾宅有感而发随手写来,但细细琢磨,却颇有禅意。诗云:

> 贾鲁治黄河,
> 恩多怨亦多。
> 百年千载后,
> 恩在怨消磨。

蒋仲舒将这首诗抄录于那篇著名的《尧山堂外记》,并评论说:"当时或以亟疾刻深,招致民怨,而其御灾捍患,则后世亦有公论。"

在风雨飘摇的元末,贾鲁未能功成身退,甚至落了个病死军中的下场,但他治理黄河给后世带来的福祉,却一直为后代百姓念念不忘。贾鲁治河之举不但平息了水患,也复兴了开封一带的漕运,商业也很快兴盛起来,漕运要枢朱仙镇就是在这之后迅速繁荣、盛极一时,成为当时最大的水运码头和享誉全国的商业名镇。地方百姓感谢贾鲁的恩德,为了永远纪念这位水利专家,便把其疏通过的河道称为"贾鲁河"。

自元至正四年黄河大决口至元朝灭亡,仅二十二年。

(清)朱云锦《贾鲁河说》书影

第五章
刘大夏：大明名臣修太行

明朝开国皇帝朱元璋可能是中国历史上出身最为卑微的帝王了，与生俱来的自卑和他一统天下的自信相伴而行，并持续影响了整个王朝的政治走向：对外闭关锁国，对内中央集权，形成了一个铁桶般的大明帝国。

刘大夏像

闭关锁国和中央集权一定程度上促进了明帝国的稳定和发展，但同时也不可避免地助长了官僚和贪污腐败之风，特别是在明后期。这种体制也严重束缚了当时的社会生产力，阻碍了新兴资本主义萌芽的发展。

明代的治黄策略与元时期基本上一脉相承：为了保障大运河的畅通，尽力避免黄河向北溃决。北筑堤以保漕，南分流以泄洪济运，这也成了整个明朝一以贯之的治河策略。

明代治河名人之多也为史上所罕见，不但有刘大夏、刘天和、潘季驯等较高级别的官员，还包括虞城生员、白英等平民百姓，这也从另外一个层面反映了治河形势之严峻。

刘大夏作为明朝十大名臣之一，文可安邦、武能定国，大兴治河以利国计民生，乃修三百六十里太行堤，并因此名垂青史。"北流于是永绝，始以清口一线受万里长河之水"，使得黄河一改往日南北分流之乱局，大致回归贾鲁故道，东注于黄海，此亦为黄河史上少有的以人力为之且成功的改道。稳定的河道确保了整个下游数十年无水患，形成有明一代少有的黄河安平局面。

进士及第

刘大夏（1436—1516），字时雍，湖南华容人。

湖南人杰地灵，自古就有"惟楚有才，于斯为盛"之说。刘大夏幼时就显得卓尔不群。其父官居广西按察使副使（正四品），作为官员子弟，他曾与诸多官员子弟同往衡山圆觉寺求学，拜状元郎黎淳为师。同窗学友每当黎淳外出时，多嬉笑喧哗，唯独大夏心无旁骛，潜心苦读。有道是天道酬勤，加之大夏天资聪颖，乡试便拔得头筹，并于天顺八年（1464）考中进士。

我国自隋唐开始采用科举取士方式进行选拔人才，虽然有名目繁多的考试，但在历代最重要、最难考也最为人所尊崇的当属"进士"。一般是先要在县里考上秀才，再参加全省的乡试考举人，再进京参加统考、会试；合格的再去参加殿试，按名额录取公布者才叫进士。三年考一次，全国一般也就录取几十个，最多两三百个。

唐宣宗李忱虽贵为天子，但也非常羡慕进士及第者，以至于自封为"乡贡进士李显龙"。大诗人孟郊一生苦吟，却屡试不中，失落之余，痛陈科举作弊："恶诗皆得好官，好诗空抱山。"不过，一旦进士及第，他的看法也就变了：

登科后

昔日龌龊不足夸，

今朝放荡思无涯。

春风得意马蹄疾，

一日看尽长安花。

真可谓"十年寒窗无人问，一朝成名天下知"，年近五旬的孟郊也仿佛一下子从苦海中超度出来，骤然间登上了极乐的巅峰，我们从中也可以看出进士实在太难考了。到了明朝以后，更是有了"非进士不入翰林，非翰林不入内阁"的规矩，而且当时宰相多由翰林起家，在"学而优则仕"的时代，众多学子无不对进士身份梦寐以求。

刘大夏中进士后，却主动放弃了留在翰林院工作的机会，而是自愿进入兵部为吏。从刘大夏入仕的选择便不难看出，他不求清虚之名，比较注重务实，这让他在任职兵部后得到了充分施展的机会，史书中称他"明习兵事，曹中宿弊尽革，尚书倚之若左右手"。

实际上，在明朝前期，有一套严格成型的官员选拔制度。要想做官，经过层层考试并获得进士身份是一道绕不过的坎儿。当时朝中官员职数很少，内阁只有七人，要有大学士才能出任；一个部只有一个尚书与左右侍郎，一个县只有一个知县和一个县丞。

到了明成化朝以后，这一制度被严重扭曲。很多人受不了十年寒窗之苦，考不中进士，于是另走一道，就是"传奉官"之路。"传奉官"不用考进士，也不用经吏部层层选拔，而是直接由皇帝任命，主要是皇帝为了满足个人或后妃、太监的请托而任命的官。

明宪宗朱见深曾一次就批准传奉官一百多人，明武宗朱厚照更是批准传奉官一千五百多人。传奉官的泛滥严重破坏了长久以来形成的科举选士制度，导致官场腐败盛行，引起了普通百姓不满，也遭到内阁官员的强烈反对，纷纷上疏要求取消传奉官。

明宣宗朱瞻基出游图

绢本立轴彩色,211 厘米×353 厘米,现藏于北京故宫博物院。

　　虽然大家都对传奉官不满,但是谁也不愿意得罪人,因为在中国可能没有比裁减官员更为艰难的事了。刘大夏因其为官公正,不畏强权而在朝中颇有威望,于明正统年间,被授命裁减传奉官。

　　当时官场的关系网盘根错节,既得利益集团顽强抵抗,说情的人也络绎不绝,刘大夏一下子陷入四面楚歌的困境。他裁减的传奉官名单中,很多是锦衣卫的人,属于大太监刘瑾的领地。虽未见其有所言,但刘瑾却因此埋下了怨恨的种子,后来也差点给刘大夏带来杀身之祸。

弘治三君子

　　明开国后,太祖皇帝朱元璋开疆拓土、安定民生,创造了稳定的国内外环境,又经仁、宣二帝努力发展生产,达到史称"仁宣之治"的极盛时期。然而到英宗时,由于开宦官专政之先例,致使弊病渐聚,经历土木堡战败后,英宗一度被俘,国家已现颓废之势。

锦衣卫印,现藏于中国国家博物馆。

国运兴衰,系于一帝。

明孝宗朱祐樘即位后力革积弊、罢斥贪墨,加之其恭俭有制、勤政爱民,又迅速扭转了自英宗以来的颓势,国力蒸蒸日上,四野清平,使明朝重新达到了一个鼎盛时期,史称"弘治中兴"。

孝宗开创了明朝的中兴盛世,其治国方略颇值得称道,但若论其核心策略,则首推知人善任、善用贤臣。而王恕、马文升、刘大夏等人就是其中的杰出代表,史称"弘治三君子"。清三朝元老张廷玉曾对三人有如下评价:"王恕砥砺风节,马文升练达政体,刘大夏笃棐(忠诚辅助之意)自将,皆具经国之远猷。"

君厚则臣贤,弘治朝之所以群贤毕至,一个重要原因就是孝宗皇帝品性宽厚,具有很强的亲和力,这也使得君臣关系十分融洽。他常常在午朝之后单独召见刘大夏等人商讨政事,两人甚至私下里说半天的悄悄话,"上退立宝座后,大夏径造上前,语移时"。与前朝皇帝动辄"廷杖大臣"相比,这种融洽的君臣关系也久为后世所怀念和追慕。明万历年间的宰相张居正在回忆他早年经历时曾说:"余在史局好具问先朝事,见老珰数辈语及孝庙,时辄悲咽。嗟乎,敬皇帝之泽入人深矣。"

（明）唐寅《嫦娥执桂图》，纸本设色，135厘米×58厘米，现藏于美国大都会艺术博物馆。

唐寅（1470—1523），在明孝宗弘治十二年（1498）李东阳任京城主考官期间，曾卷入"会试泄题案"。明朝也是中国传统文化向大众发展的重要时期，民间绘画艺术得到迅速发展。

"君使臣以礼，臣事君以忠"，老臣马文升为抗击鞑军，年届七旬仍勇帅三军，亲临前线，为国尽忠，矢志不渝，直至战死沙场；王恕镇守云南九月，威行边外，前后上疏二十余次，忠直之声，感天动地。

晚明很多正直的士大夫在与阉党斗争中经受严刑拷打时，在力图抗清复明备受屈辱时，无不以报答明王朝"三百年养士之恩"作为自己的信念，而其中往往会提到两位皇帝，一位是开国皇帝朱元璋，再就是弘治皇帝朱祐樘，由此可见其深得士民之心。

自古以来，忠义之臣多清廉。

刘大夏任兵部尚书时，朝廷施行六年一次的朝觐制度，即省府官员定期进京述职。当时，外官进京朝见皇帝，为了求得升迁，一般都会送财务给在京的大臣，有点类似今天的跑官要官。

身为兵部尚书的京官刘大夏是怎么对待这些地方官员的呢？

首先，他对来访的官员并不避讳相见，每每都是热情接待，通过接触，不但可以直接了解对方的为人，还避免了仅凭业绩对官员进行考核的偏颇。但是，对于送来的银子和礼品，他从来都是坚辞，分文不受，而且地方官也丝毫不用担忧因此而影响其考核结果。

其次，他还像老友相谈一般，告诫到访的地方官员，千万不要以为百姓可欺。为官清或不清，即便什么也不做，什么也不向外人说，在其到任后的两三个月内,当地人都会知道。所以内心一定要有所畏惧,珍惜自己的清正廉洁之名。

刘大夏虽为官清廉,但并不好虚名,他曾说:"居官以正己为先。不独当戒利,亦当远名。"

不尚虚名之人,则往往名声在外。

当时属国朝鲜的使者在鸿胪寺(明朝外事接待场所)偶遇刘大夏邑子张生,连忙向其问候大夏起居,并毫不掩饰其景仰之情:"吾国闻刘东山名久矣。"

刘大夏,正是因为其清正廉洁,襟怀坦荡而深孚众望,这也才使得后来在多方利益博弈下的治河大业一举成功成为可能。

临危受命

应该说,在明代开国之初,黄河算处在明代历史上最稳定的时期了。

尽管如此,仍然呈现为南北两个方向的多条流路。当时黄河的主流是元末贾鲁治河后形成的开封、归德(今商丘)、徐州一线,东南方向经泗、淮而入海的流路;但与此同时,每当黄河在上游的原阳、封丘一带决口,就会北冲张秋运河,挟大清河而入海;而若是在上游的郑州、开封一带决口,则南向夺涡、颍经淮河而入海。

明初的政局亦如同黄河流路一样扑朔迷离。

朱元璋的四子朱棣经过多年精心策划,发动靖难之役,成功上位当了皇帝,即明成祖。

因为成祖朱棣发迹于北京,曾经是燕山(今北京昌平)藩王,在坐稳天下后,出于政治和军事上的考虑,朱棣决定把国都从南京迁往北京。

（明）佚名《北京官城图》，163 厘米×97 厘米，绢本设色，现藏于中国国家博物馆。

此图为明初北京城的俯瞰图，图的最下方为北京城墙，其后是承天门（今天安门）。承天门外的金水桥、华表和石狮，均有所描绘。图中站立者，据说是承天门的设计者蒯祥。

从永乐四年（1406）兴建故宫开始，直到永乐十八年（1420）基本完成新首都建设，1421 年的新年朝贺大典随即在新落成的故宫太和殿举行。

北京成为大明王朝的政治中心；而江南地区则是全国的粮仓，有"苏湖熟，天下足"之说，加之其商品经济十分发达，已经成为全国的经济中心。

因此，自永乐朝以后，沟通南北的京杭大运河就成了大明王朝赖以生存的政治、经济大动脉，维持大运河漕运安全就成了十分重要的社会政治问题。

由于黄河基本上是由西向东行进，而大运河则是南北方向通运，黄河、运河的交叉便成为无法避免的格局。黄河本身的防洪问题就十分严峻，可谓牵一发而动全身；现如今，大运河的漕运通畅也同样

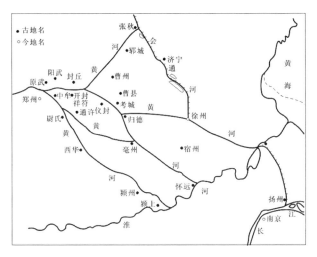

弘治时期河道示意图①

事关国体安危。这也就导致了明永乐朝以后二百多年时间里,是保黄河还是保漕运,成了历代皇帝必须要面对的一个痛苦抉择。

实际上,为了防止京师供应断绝,明朝历代皇帝都把漕运之重放在了首位。

由于黄河北泛会冲毁运道,所以多采用北岸筑堤、南岸分流的策略,自永乐朝之后,黄河多支分流就在南岸的河南、山东境内游荡,不过,所有的支流最后都殊途同归,在江苏淮阴附近的清口与淮水汇合,经云梯关奔流入海。

随着时间的推移,长期南向分流带来的隐患也逐渐显现出来。

等到了弘治朝时,问题已经变得十分严重了。

弘治二年(1489)五月,黄河在金龙口(又称荆隆口,属今封丘)决口,河南、山东多地受灾。由于南岸多年分流,地势不断淤高,这次决口后河水大部分流向了北岸的山东段。流经阳武、封丘、兰阳、仪封、考城,最终到达了张秋运道,对南北漕运形成了重大威胁,朝廷火速派

---

① 黄河水利史述要编写组著:《黄河水利史述要》,黄河水利出版社,2003 年,页 264。

出户部侍郎（相当于分管民政、财政的副部长）白昂前往张秋治水。

弘治皇帝派出白昂治河，自有他的考虑。他知道黄河治理需要大量人力物力投入，派出个直接管钱的户部侍郎，至少在十万火急的救灾时刻，再也不用为钱的事吵来吵去。

白昂亦深知重任在肩。

弘治三年（1490）春，在完成前期查勘后，白昂迅速开始规模宏大的修建治河工程。

历代治河之计，无外乎"堵"和"分"，白昂自然也不例外。

白昂治河的首要目的就是保护大运河的安全。还好不用过分担心资金问题，他动用了大量人力物力来修筑阳武长堤，用于保护运河重镇张秋。

阳武长堤修好之后，白昂开始考虑大洪水的分流问题。

他设计了南北两个分流路径。一是南向疏通颍水、濉水进入淮河的通道，以及由汴河经泗水进而入淮的通道；再就是北向从东平到兴济开凿十二条小河，大洪水时用大清河以及黄河故道分泄洪水。

等所有这些都做完了，再开始堵塞上游的决口。

河患果然得到了平定，但问题是其成效仅仅维持了一个年头。

弘治五年（1492）七月，白昂修筑的阳武长堤未能阻挡住汹涌的洪水，黄河在张秋再次决口。

这次决口带来的损失远远超过上次。不但金龙口再次决口，而且沿线的杨家口、黄陵岗（今河南兰考东）等多地也发生新的重大决口，运道尽毁，并夺汶水入海，接踵而至的洪水造成沛县、兰阳县、郓城县的大面积淹没。

弘治皇帝一看刚刚投入巨资修建的河道工程全打了水漂，河患甚至比以前更严重了，十分忧虑。

他也才知道治河还不仅仅是钱的事，白昂是不能再用了。于是命工部侍郎（相当于分管屯田、水利、土木工程的副部长）陈政前往治理。陈政在历史上以督造明十三陵之一的茂陵而知名。

这一次,孝宗在赐陈政的敕书上说道:

> 黄河流经河南、山东、南直隶平旷之地,迁徙不常,为患久矣。近者颇甚,盖旧自开封东南入淮,今故道淤浅,渐徙而北,与沁水合流,势益奔放,河南兰阳、考城,山东曹县、郓城等处俱被淹没,势逼张秋运道,潦水一盛,难保无虞。廷臣屡请修浚,且言事连四省,不相统摄,须得大臣总理,庶克济事。

这一段话很好地反映了明朝皇帝处理黄河问题的思路和办法。

实际上,由于黄河治理历来都是一大难题,作为明朝皇帝而言,处理这一问题,唯一的办法也就是任命一位钦差大臣来总理河道,而对于治河技术上的问题,以及所需人力物力的动员,都由这位大臣在其职责范围内就地解决。①

由于大规模的黄河河道治理往往涉及数省,同时又需要对堤岸和河道挖填整修,进行大量的土木施工,这就导致在工程的实施过程中,不同利益方意见各异,莫衷一是。往往是这边尚未开工,那边争执已起,甚至战成一团。因此,总理河道的钦差大臣,除了有工程经验之外,还必须品行公正而有威信,才能深孚众望,以动员众多府县的地方官齐心协力实施治河之事。

陈政接到敕书后立即赴任,并巡历山东、河南一带,其治河之策与白昂也并无大异。他认为:

> 河之故道有二:一在荥泽孙家渡口,经朱仙镇直抵陈州;

---

① 黄仁宇著:《万历十五年》,中华书局,2006年,页95。

一在归德州饮马池，与亳州地相属。旧俱入淮，今已淤塞，因致上流冲激，势尽北趋。自祥符孙家口、杨家口、车船口、兰阳铜瓦厢决为数道，俱入运河。于是张秋上下势甚危急，自堂邑至济宁堤岸多崩圮，而戴家庙减水闸浅隘不能泄水，亦有冲决。请浚旧河以杀上流之势，塞决河以防下流之患。

他按照自己的思路不断加快治河进度，当时正值寒冬腊月，但仍然是"役夫数万，修筑堤防"，各项工程也开始"渐次修举"。

由于天气寒冷，当时的施工条件很差，"役夫止月给米三斗，其衣裳单薄，将必有受冻而死者"。地方官体恤民意，不断上疏要求明年开春再干，但朝廷对施工进度却不断紧逼。陈政夹在中间，承受了极大的精神压力。

由于心力交瘁，陈政不久竟卒于任上。

陈政之死令孝宗心痛不已。

可是漕运之事十万火急，情急之下，明孝宗竟然想到了"海选"之策，命令群臣"会荐才识可用者三四人"，并提出求才"务在得人，不限内外"，由此也可见，人才是何等之难得。

最终经群臣廷议，刘大夏被朝臣一致公认为"才识最优，可当是任"，弘治六年正月，刘大夏升任右副都御史（正三品），前往山东张秋治理黄河。

在刘大夏赴张秋之际，孝宗仍然不忘面授机宜：

尔至，彼先案查陈政所行事务，酌量其当否，当者绪续之；否则改正之。会同各该巡抚、巡按、都、布、按三司及南北直隶府州掌印官并管河官，自河南上流及山东两直隶河患所在之处，逐一躬亲踏勘，从长计议。何处应疏浚以杀其势；何处应修筑以防其决，及会计合用椿木等料有无而设法分派……必须相度地势,询访人言,务出万全,毋贻后患。

作为一代明君,孝宗自然不能置百姓安危于不顾。他明白表示,黄河决口你先别管,保漕运要紧。但是他也怕大夏不明就里,只好不断嘱咐,先通航,再说其他的,"多方设法,必使粮运通行,不至过期以过岁额,粮运既通方可溯流寻源,按视地势,商度工用,以施疏塞之方,以为经久之计"。

实际上,他这种为保漕运而任黄河南泛的做法,后来也引发河南、山东两地间的极大矛盾。弘治七年(1494)曾发生过一个极端事件,从中也能清楚地看出这种政策的危害性。

这一年十月,在堵塞仪封县黄陵冈决口后,山东委官派民夫在贾鲁河北岸构筑大堤,当地的"河南之民不欲黄河入境,但见山东委官往彼增筑贾鲁堤,即谋欲杀之",事情惊动了孝宗,遂命工部会同其他部门商议。

最后的结论是河南之民阻筑河堤,河南巡抚等官应严行禁约,"该管有司不行禁止者,一体治以重罪"。在这种绝对命令之下,地方利益只能无条件地服从大局。实际上,也正因为有了朝廷的坚定支持,刘大夏后来的治河之举才得以艰难地继续进行下去。

第五次大改道

刘大夏受命于危难之际,虽已年近六旬,亦自觉责无旁贷,理应挺身而出为国分忧。

他一到山东,就往返数千里,躬身亲查河患,并与河南、山东地方长官共商治河大计。

针对孝宗的担心,弘治六年(1493)十月,刘大夏在上奏中提到,河南、山东和黄河南岸接壤区域，"西南高阜，东北低下。黄河大势，日渐东注。究其下流，俱妨运道"。

他在对黄河上下千余里地势和水势进行详细考查后，认为虽然可以在上源对其进行分杀，终是水势浩大，即使有堤防也很难容受。若不及早图治，恐怕后果不堪设想。其在河南所决的孙家口、杨家口等处，洪水滔天，无法修筑。而欲从下流修治，则"缘水势已逼，尤难为力"。

刘大夏提出的治河方案是"北堵南分，引水入淮"，应该说他也未能脱离传统治河之窠臼，即"堵"与"分"。

但问题的关键是在哪里堵，又往何处分，这其中大有学问。

首先是分。

河南虽然对于"北岸筑堤，南岸分流"的治河策略不满，但也并没有什么办法，毕竟胳膊拗不过大腿。不过地方官对于黄河在河南境内如何"分流"也很关注，既然自己肯定要受淹，就希望分流后河道能就此稳定，而不是像以前那样摆来摆去。

刘大夏对此了然于心，并且早已想好对策。他的办法是在分流之前，先因地制宜进行疏浚。

刘大夏决定先治上流，分别开新河、疏浚旧河，将洪水导入河道正流。因为当时由涡入淮的故道在南流后日久淤塞难容水势，才导致泛滥北决，他提出在上流东南故道进行疏浚，"相度地势，可疏者疏之，可浚者浚之，凡堪杀水势之处无不加疏浚之功，则正流归道，余波就壑，下流无奔溃之害，北岸无冲决之患矣"。

再就是堵。

等做完这一切，时间已经到了五月，马上就要到黄河主汛期了，当时水势凶猛，张秋决口处宽达200多米。

在决口处修筑水坝堵口，由于水势太猛，经常是刚刚将决口堵上，随即就被冲开。

刘大夏并不气馁，而采取"随决随塞"的办法，在两断堤头分别加以裹护,以防止堤头坍塌导致口门扩大;随着口门间距的不断缩小,集中大量的人力将秸柳埽工集中抛入口门。

高强度的堵口工作昼夜不息,直到取得成功。

张秋决口既堵,则全河漕运即开。

至此,整个治河工作取得重大进展。

刘大夏随即上疏汇报进展情况及下一步计划,"安平镇决口已塞,黄河下流已治,运河已通。但必须修筑黄陵冈河口之堤,使黄河上流南下徐淮,方为运河久安之计",并建议:"广起丁夫、多收椿料。可补者补之,可筑者筑之。"

孝宗听说运河已经开通,十分高兴,即刻派钦差前往工地现场慰劳,并御赐将"张秋镇"改名为"安平镇",对于其他提议也迅速予以批复,弘治八年正月,刘大夏遂兴工筑塞黄陵冈等七处黄河决口。

在所有决口全部堵住后,为了确保运道万无一失,刘大夏一鼓作气,又在黄河北岸修筑大小两道长堤。其中的大堤起自大名府胙城,历经滑县、长垣、东明、曹州、曹县,抵达虞城,全长三百六十里,因其西起太行山脉,也被称为太行堤;小堤起自于家店,经过铜瓦厢、东桥,抵达小宋集,全长六十里。大小二堤前后策应,都用大型石块修筑,起到了双保险的作用。

我们回头再看一遍刘大夏治河的过程。

整个过程如行云流水一般。

从技术路线上,有疏、有堵、有分,错落有致,每一条应对措施都显得举重若轻,实则彰显了刘大夏对整个河道形势的精准判断。

从行事方法上,既体现了朝廷对运道安全的极度关注,又能从地方的角度出发,充分调动当地官民的积极性,使得整个治河过程运转顺畅而高效。

如果单从治河思路来讲,刘大夏并不见得比他人高明多少。

可是清人胡渭却从纷繁复杂的黄河演变历史中看出规律,他看

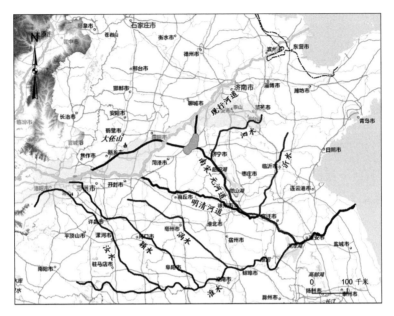

黄河第五次大改道示意图(绘图:杨明)

重刘大夏修筑太行堤所产生的巨大南向导流作用,称之为黄河史上第五次大改道。

第五次大改道,也促成了后来持续三百多年的明清河道雏形的形成,自此以后,"北流于是永绝,始以清口一线受万里长河之水",黄河北流被彻底断绝,重新流入兰阳、考城河段,经徐州、归德、宿迁三个方向,最后都流入淮河入海,这一状况一直持续到清咸丰五年(1855)黄河改道北流为止。

对于太行堤,历史上多有赞誉,由于其"关系黄、沁并卫河运道重门保障",康熙、雍正、乾隆年间曾多次对太行堤进行过加修。1855 年黄河在铜瓦厢改道时,太行堤被冲断,现太行堤自封邱黄德集到大车集长沈公里的太行堤,与长垣大堤相连,已成黄河标准化堤防的一部分。

此次黄河治理成功后,刘大夏也萌生退意。

实际上在明朝时候,不用做多么大的官,只要不是像当今社会的

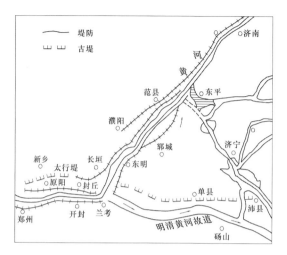

刘大夏修筑的太行古堤示意图(绘图:佚名)

人一样至死方休地追求功名利禄,只需干个十年八年便可以退居林下享受清闲了。更何况,刘大夏这时已经年过花甲。

弘治十一年(1498),刘大夏在六十四岁那年,称病致仕。

他回到老家华容(今湖南岳阳)后,就在洞庭之滨的东山下筑起草堂,过起乡居生活。

有几亩薄田。

他教子孙种田谋生,稍有盈余,就分送给故宗旧族。

刘大夏独爱山。

农田离山脚不远,约十里之遥。

或是烟雨霏霏的江南暮春,兴之所至,登东山而赋,慨叹于自己仍不能忘情于世事,诗云:

> 人生多欲则劳,
> 寡欲则逸。
> 予虽性僻爱山,
> 而牵于功名之欲。

或是秋高气爽的山野黄昏，徜徉于漫山遍野的草木山果间，流连于山顶不知名的清泉之畔，极目而望远，云依斜阳，绯红尽染，听渔舟唱晚，又何其羡倦鸟之归林。

快乐的日子总是瞬息而过。

仅仅清闲了两年光景，他便又被朝廷召回，先是以右督御史的身份总制两广军务，接着于弘治十四年（1501）被任命为兵部尚书。

同学会

刘大夏是明天顺八年（1464）的进士。明清时期，乡试同一年考中的举人、会试同一年考中的进士，都可以称为"同年"。同年是官场交结的重要纽带，在仕途生涯中，同年往往同声相应，形成一个圈子，有点像当今的同学会。

弘治十六年（1503），是农历甲申年，当年的甲申一科进士大多已成为朝廷精英，高官名流云集了。

这一年的三月二十五日，天顺八年（1464）的进士举行了一场别开生面的"同学会"，聚会处在刑部尚书闵珪府第之达尊堂。

参加聚会的十人中，李东阳等九人在北京朝中任职，只有王轼在南京任职。恰逢王轼来京办公事，十人相约聚会，并请当时著名的宫廷画师吕纪绘制了各人身着官服的同学聚会长幅画卷。

令人惊喜的是，《甲申十同年图》的绢本彩绘版历经战乱竟然留存了下来，我们今天于是有机会身临其境地感受五百多年前大明朝的这次进士同学聚会盛事。①

画面上人物分为三组，从卷首起第一组三人分别是南京户部尚书王轼，吏部左侍郎焦芳、礼部右侍郎谢铎，第二组四人分别是工部

---

① 叶燕莉：《谢铎与〈甲申十同年图〉》，《温岭日报》，2007 年 12 月 14 日。

尚书曾鉴、刑部尚书闵珪、工部右侍郎张达、都察院左都御使戴珊,第三组三人分别是户部右侍郎陈清、兵部尚书刘大夏、户部尚书兼谨身殿大学士李东阳。

　　从画面来看,此次聚会时经过精心准备,少不了惯有的宴饮唱和。十人中只有焦芳因赴湖南公干,并事先预留下旧稿,因此图中每人的相貌均为真实的写照。全幅画背景衬以梧桐、修竹、芭蕉、松树,其间穿插几案、书册、酒具以及童子数人,景物简练有序,而无过多渲染,令人印象深刻。

　　甲申一科人才之盛,在整个明朝也是少有的。在十个同年中,有"一大学士、一都御史、四尚书、四侍郎",皆为最高权力机构成员,这样一来,明朝权力中枢吏、户、礼、兵、刑、工六部,皆有他们的身影。

　　(明)吕纪《甲申十同年图》,绢本彩绘,48 厘米×257 厘米,现藏于北京故宫博物院。

　　此幅图从左至右分别为:南京户部尚书王轼,吏部左侍郎焦芳、礼部右侍郎谢铎、工部尚书曾鉴、刑部尚书闵珪、工部右侍郎张达、都察院左都御使戴珊。(右边三人见下图)

此幅图从左至右分别为：户部右侍郎陈清、兵部尚书刘大夏、户部尚书兼谨身殿大学士李东阳。

一大学士指向户部尚书兼谨身殿大学士李东阳，一都御史指向都察院左都御使戴珊；四尚书分别是南京户部尚书王轼，刑部尚书闵珪、兵部尚书刘大夏、工部尚书曾鉴；四侍郎分别是吏部左侍郎焦芳、礼部右侍郎谢铎、工部右侍郎张达、户部右侍郎陈清。

"十同年"在历史上多有修名，只有那位缺席聚会的焦芳有恶誉，也正是因为他混迹于阉党，后来还差点害死了刘大夏，后文我们还会再说。

李东阳在《甲申十同年图》的序言中，关于刘大夏的形象有如下描述，"为兵部尚书华容刘公时雍者，面微方而长，须鬓皓白，左手握带，右手按膝而中坐"。

四十年一晃而过，遥想当年初中进士时意气风发的青年才俊，到如今已是满头华发，韶华易逝，世事无常，相视一笑，更加珍惜同学情谊。

刘大夏随画赋诗一首，正是描述了此中意境：

十同年

早同汇进晚相亲,晓露晨星尚十人。

许国共怜青眼旧,论交谁谓白头新。

极知文盛曾唐宋,敢说科名又甲申。

珍重少年黄阁老,挥毫摹写意殊真。

在豹房办公的皇帝

在甲申同学会后的第三个年头,刘大夏遭遇了他人生中的又一次重大打击。

弘治十八(1505),武宗即位。

在整个中国历史上,明武宗是一个十分独特的皇帝。

武宗朱厚照是前朝皇帝孝宗朱佑樘唯一一个活到成年的儿子,朱厚照幼时"粹质比冰玉,神采焕发",性情温和宽厚,颇有帝王风范。

但武宗生而好动,自幼贪玩骑射。孝宗一心想把他培养成为太祖朱元璋一样文武兼备的旷世圣君,所以对武宗骑射游戏颇为纵容,这也养成了武宗日后尚武的习气。

做皇帝要讲究文治武功,而令武宗朱厚照长留青史的却不是他的治国才能。

武宗以豢养猎豹、修建豹房而知名。

《明武宗实录》有载:"盖造豹房公廨,前后厅房,并左右厢房、歇房。时上为群奸蛊惑,朝夕处此,不复入大内矣。"从正德三年起,武宗迁出了紫禁城,住进了皇城西北的豹房,豹房实际上成为武宗起居及处理朝政的地方。①

豹房到底是什么样子呢?

---

① 《明武宗实录》卷 47,正德四年二月戊子。

明朝皇帝宫中行乐图(局部),绢本设色,36 厘米×690 厘米,
现藏于北京故宫博物院。

《武宗外纪》有详细介绍:

> 乃大起营建,兴造太素殿及天鹅房、船坞诸工。又别构
> 院御,筑宫殿数层,而造密室于两厢,勾连栉列,名曰豹房。
> 初,日幸其处,既则歇宿比大内。令内侍环值,名豹房只候。
> 群小见幸者,皆集于此。

据称豹房之内,美女如云,武宗过着恣意妄为的淫乱生活,极大
地满足了他声色犬马的感官享受。这里充斥着教坊司的女乐、高丽
美女、西域舞女、扬州少女乃至妓女等各色女子。

豹房之内到底有多少女子,恐怕连武宗自己都不清楚。那些一
时无法召幸的女子,便被安排在浣衣局寄养,以备武宗不时宣召。据
正德十五年(1520)正月初一工部的报告说:"在浣衣局寄养的女子甚
多,每年所用柴炭就达万斤之多。"①

---

① 许文继、陈时龙著:《正说明朝十六帝》,中华书局 2005 年,页 163。

既然是豹房,则自然少不了凶猛异常的豹子。据说,最多的时候,豹房曾经养了九十多只野生豹子。

野兽凶猛。

比野兽更凶猛的,是豹房官军。

豹房官军人数众多,他们兼有驯豹和携豹出猎两种职责,同时又是豹房地区的护卫。每个人腰间都悬挂有一块牌子,刻有文字:"随驾养豹官军勇士,悬带此牌,无牌者依律论罪,借者及借与者同罪。"每逢武帝外出打猎,则人人杀气腾腾,左擎鹰右牵豹,前呼后拥,一派小人得志的模样。

豹房勇士牌

由于武宗玩物丧志,不理朝政,这就给太监篡权留下了空间。

豹房的幕后大主管正是大太监刘瑾。

刘瑾让武帝沉迷于豹房,以趁机控制朝政。因为他总在皇帝边上站着,所以背地里大家都称他为"站皇帝"。

刘瑾颇有心计,他常常趁武宗玩兴正浓时去奏事。武宗搂着心仪的女子,轻解罗裳,正欲缠绵,他就小跑着凑上前去:"臣请旨⋯⋯"这不是捣乱嘛。"滚!"武宗转身踹他一脚,喝道:"我用你们这些人干什么的,却只是来烦我!"刘瑾唯唯而退,他就有了便宜行事之权。

大太监刘瑾平时霸道惯了,别人不能说他一点不好。因为把持了当朝皇帝,升官发财的好事全给了他的圈子里的人;如果不是他的人,想要做官,就必须得拜在他的门下,弄得整个官场乌烟瘴气。

前文所说的传奉官,就是刘瑾糊弄皇帝干的事。也不用经过考试,刘瑾先草拟一个名单,然后趁着皇帝高兴,圣旨一下,小太监就走马上任了。

"夫国之大事,百人争之不足,数人坏之有余",刘大夏等正直朝臣深忧国势之日渐衰败，对于刘瑾一伙人作威作福实在看不下去，再三上疏要求罢免刘瑾手下的宦官，但武宗此时最信任的恰恰是刘瑾这一帮人，所以并未理会。

正德元年（1506）春，刘大夏再次上奏，终于把武宗惹恼了。刘大夏看出端倪，遂上奏章请求辞官。

虽贵为三朝元老，武宗并未挽留。正德元年（1506）五月，他下诏同意他返乡，给事中（谏官）王翊、张襘请求挽留刘大夏，吏部也要求挽留，武宗仍然不理。

饱经政治磨难的北宋老宰相富弼曾经有过一个总结，那就是在任何政治斗争中，正人君子必败，小人必占上风。因为君子为道义而战，小人为权力而争。结果是各得其所，好人去位，坏人得权。虽历经五百年，用于此时，依然是那么贴切。

刘大夏去职返乡后，刘瑾等人并未解除心头之恨。

前面我们说过的刘大夏的同年进士焦芳出场了。

现如今，焦芳已经和宦党沆瀣一气了，他在刘瑾面前进谗言道："抄刘大夏的家，可得边费的十分之二。"

姓罗的官校到刘大夏家搜查，可是家徒四壁，只找到退休金三十余两银子，是养老钱。刘大夏坦然如常，让其交还国库，"官校感泣不纳"。

即便如此，刘瑾依然不放过他。正德三年（1508）九月，刘瑾以其触犯"激变律"，将刘大夏逮捕到诏狱。

刘瑾派锦衣卫来抓刘大夏时，他正在菜园里锄地，听差役说明来由，镇定自若，遂"入室携数百钱，跨小驴就道"。刘瑾要判大夏死刑，都御史屠滽不同意，刘大夏的同年进士李东阳也从中调解。刘瑾也知道众怒难犯，并未过分坚持，他看到刘大夏已是风烛残年，就判他到最偏僻的甘肃边境戍边。

岁在戊辰，季秋，大明门（1912年改名中华门，已不存）。

风瑟瑟,兵旗猎猎,满地黄金叶。

这一次,年逾古稀的老尚书没有盔甲在身。

风更紧,发飞扬,恨不能横刀立马杀敌于阵前;叹只是着布衣,踏草鞋,无一语,过大明门怅然而去。

偌大的集市,空无一人。

京城的百姓都关门闭市,扶老携幼送别刘尚书,观者无不扼腕叹息。小儿也知噙着泪,低声轻语"祈生还"。

等到了甘肃边境戍所,各部门怕得罪刘瑾,就对他横加刁难,连饭也不让他吃饱。刘大夏便到营房外面挖野菜充饥,几次饿晕在地。当地的儒学生徒闻听此事后气愤不已,纷纷跑到驻地给他送食物。

一到操练时间,戎马倥偬一生且年过七旬的老兵部尚书刘大夏总是和其他士兵一样扛戈站进队伍,当班的士官也觉得这样不太合适,就再三劝他,刘大夏却抚慰他说:"军人本来就该服役的。"

看他年老体迈在外戍边,有人就问为什么不带子孙来照顾一下,他这才说出了心里话:"我为官时,不曾为子孙捞好处;现在年老被罚,怎么忍心令他们同我一起死在戍所呢?"

刘大夏因为声誉卓著闻名于天下,其蒙冤戍边之事甚至传到了属国,当时越南的使者进贡时就曾向朝廷表达关切:"闻刘尚书戍边,今安否?"

正德五年(1510),刘瑾因谋反事发被诛,刘大夏才获赦免返乡,其后一直在家劳作,直至终老。

其间,刘大夏有个门生做了他老家所在地的巡抚,就从一百多里外来拜访他,在村头的田地里,看到一个老头正在扶犁耕地,就问刘尚书家在哪里。老头倒也好客,就把他领到村里的一个破房子旁边,说:"这就是刘尚书家,我就是刘大夏。"

第六章
靳辅:盛世治水如治天下

明崇祯十七年(1644),李自成的农民军一举攻下国都北京,权贵们不甘心让奴才当皇帝,"宁与友邦,不与家奴",不久,便有吴三桂引清兵入关,赶走李自成,建立起统治中国长达267年的清帝国,也是我国历史上最后一个封建王朝。

康熙朝开创了清帝国全新的繁盛局面,雍正、乾隆则继往

靳辅像

开来,发展至鼎盛。康雍乾盛世持续百余年,成为中国历史上持续时间最长的一段盛世时代。庞大的清帝国发展至后期,外表虽依旧华丽,但其渐渐腐蚀的肌体和内里已远远落后于世界,越发显得臃肿且步履蹒跚。在列强蜂拥而至时,国内亦民变四起,民族危机一步步加深,终至于亡国。

有清一代,黄河基本上沿袭明朝黄河第五次大改道后南向夺淮入海的流路,由于不再向涡河、颍河分流,而是全部经徐州南下入淮,便形成了黄、淮、运三道合一的混乱局面。黄、淮稍有泛滥,运道便有中断之虞,严重危及全国的经济、政治、军事大局,治河也就成为清朝历代皇帝案前的头等大事。

康熙时期,能臣遭遇明主,君臣风云际会,演出了一场盛世治水的好戏。河道总督靳辅在朝野混战之际统揽治河全局,于错综复杂之中明辨水势机理。他渐次理清河、运一体的总体思路,疏以浚淤,筑堤塞决,以水治水,借清敌黄,虽难以根治,但终其治河效益,还是极大地推动了康熙王朝社会经济的发展,并且随着时间的推移,愈发显其成效。"其利益在国家,其德泽在生民",朝野上下,念念不忘靳辅治河之功,其治河思想也被奉为整个朝代的金科玉律。

封疆大吏

靳辅(1633—1692),字紫垣,祖籍山东济南。

他自幼知书识礼。九岁丧母,十三岁随父入关辽阳。

康熙元年(1662)任兵部职方司郎中,因政绩突出,在其三十八岁那年出任安徽巡抚。在清朝,各省的总督、巡抚原则上只用满洲人,汉人能够做到总督、巡抚封疆大吏的非常少。至于能带兵守疆卫土打仗的就更少了,当然也有做到大将军的,带着满洲士兵驰骋沙场,不过在清朝二百多年间只有一个岳钟麟。[1]

靳辅年幼时与父亲相依为命,其父非常注重对他进行积极的家庭教育。在靳辅上任安徽巡抚的第一天,他就以手书相嘱:"何事可恤民报国,表率属僚,俾利尽兴,弊尽涤。"

---

[1]　钱穆著:《中国历代政治得失》,三联书店,2012年,页159。

靳辅在安徽巡抚任上六年,的确不负其父厚望。

作为地方最高行政长官,靳辅十分关注民生。安徽北部经常闹水灾旱灾,当地老百姓生活艰辛,他从安置流民做起,通过清查地亩,解决了数千流民的安家问题。

针对凤阳地区田野大量荒芜的情况,他提出补救之道:"为政首在足民,足民有道,在因民之力,而教以生财之方。"为此,他经过大量的调查研究,认为"今欲田无旷土,岁无凶年,莫如力行沟田之法",竭力提倡在黄淮平原上广开沟渠,大兴水利。

康熙十二年(1673),也就是靳辅上任安徽巡抚的第二个年头,国内发生了一件大事。

我们都知道吴三桂等人引清军入关,赶走了李自成。实际上在清军入关后,这一帮人也一直在为大清朝效犬马之劳。清开国初期,朝廷把八旗等基本力量放置在北方,以保卫京师,南方就暂时让明朝降将代为管理,由吴桂三镇守云南,此外还有尚可喜驻广东,耿精忠驻福建,这样便形成了所谓的三藩。

由于三藩割据为王,其势力渐不容忽视,随着时间的推移,已经开始威胁大清政权。康熙开始悄悄地布局。他只是在等待时机下令撤销三藩。

康熙十二年(1673)十一月,就在康熙撤藩的命令下达后不久,吴三桂杀云南巡抚朱国治,并自称天下都招讨兵马大元帅,"兴明讨虏"。由于吴三桂兵锋甚锐,一时响应者四起,在福建有靖南王耿精忠,在广东有总兵刘进忠、平南王尚之信,在广西有将军孙延龄。这样一来,东南沿海地区以及中原一带都骚动起来,战火弥漫十多个省。

安徽因临近东南沿海,也未能幸免。突然而至的战火不但打乱了靳辅推行的沟田之法,匪徒的骚扰更是弄得辖区内烽火四起,民不聊生。

靳辅这时候展现出他作为地方军政大臣、封疆大吏的智慧和勇

康熙十六年，二月戊申朔

两辰九卿又议黄河镇曰河道水佐雁帘，全赖堤工埽御，蜜丞行饬黄河南岸至白洋河、至古栏关北岸；自哥河且至去栏关及高家坝、周家桥、翟家坝、古清诸决口，其余浅怀单薄之堤，其宜饬筑堡图；其滑口一带沙淤及运河，见爱黄流淤澱之处亦应疏渶；又自淮至杨两岸土石堤工，清水濠等处决口，并宜及时培筑筑至归仁堤。

石工原有估计钱粮至今尚未修宅，仍严今该管河官连行培塞。其来经估计土堤之口亦应一并兴修。查黄运两河关系运道民生，自应恃治，但所费浩繁，一时难以并举，后今新任河臣酌量要紧处先行修筑，其灯仁堤未完工程亦连令缩宅徙之。

康熙十六年御批圣旨,现藏于故宫博物院。原件已破损,经辨认原文抄录于此。为方便计,书以简体并加以断句。文中"新任河臣"即刚刚任命的河道总督靳辅。

气,一改往日汉人能文不能武的印象,亲自率兵出战,乃"练标兵,募乡勇,严斥堠,远侦探,武备大振",叛军视安徽境内为畏途,丝毫不敢骚扰。在三藩叛军全国乱起之际,整个安徽境内十分安定,有力支持了全国的平叛大局。

因平定三藩之乱,当时的军费猛增,供应非常紧张。靳辅建议大量裁减驿站经费,认为外地诸大臣,非紧要事情,不必专门派人传送奏疏;京城派往外地的官员,无须另派官兵护送;严禁各种员役横索骚扰,以节省无名之费。"欲省经费,宜先除靡费",并建言从安徽先自开始实行。他的建议随即被采纳,并且订为法令,全国"岁省金百余万两"。

靳辅卓有成效的业绩受到康熙的褒奖。由于在三藩平叛中的突出表现,作为地方大员的靳辅,被御赐兵部尚书官衔,这在整个清代也非常少见。由此也可以看出,靳辅虽远离京都,但已经开始受到康熙帝的器重。

八疏同日上

康熙十五年(1676),是农历丙辰龙年,接连发生了几件大事。

这一年,黄河发生了大洪水。与以往不同的是,淮河也发生了大洪水,黄、淮洪水的遭遇,导致多处漫决,河水倒灌洪泽湖,淤成平陆,又冲垮高家堰,连续淹没淮、扬七个州县,运道中断,国都北京几有断粮之虞。

这一年,平定叛乱也到了关键时期。康熙派出其堂兄康亲王杰书亲率十万大军征战“三藩叛乱”的重灾区福建,战事胶着,令人烦躁不安。

康熙夙兴夜寐,就将“三藩、河务、漕运”三件大事书写于宫内的立柱上,“书而悬之宫中柱上,至今尚存,倘河务不得人,一时漕运有误,关系非轻”。

可是,几乎所有的坏消息同时传来。“黑云压城城欲摧”,重压之下他做出了非常慎重的一次任命,也是影响到整个清代黄河治理史的一次重要决策。

任命靳辅为河道总督。

由于全国平叛战事正酣,正式的任命于康熙十六年的三月才下发。这时候,距离每年的洪水期还有三个月的时间。

靳辅接到河道总督的任命时,实际上是有些犹豫的。此前,前任河道总督因治河无功被革职,当时朝野深知黄河水患严峻,“闻者惊心,见者胆落”,对于河督之任也“无不以畏途视之”。

对于靳辅而言,这种感受更为直接,因为他所管辖的安徽正是黄、淮水害的重灾区,深受河患之苦,他最清楚当前的黄河治理是一团乱麻,因此颇有些踌躇。

靳辅有个幕僚叫陈潢,专于水利。靳辅跟陈潢商量怎么办,陈潢就送给他四句话,"盘根错节以别得器,河失久治起而任之,膺斯任者,非公莫属"。这看似是陈潢对靳辅进行鼓励,实际上也展示了他自己作为幕僚,在关键时刻敢于挺身而出的应有姿态。

河道总督是正二品大臣,靳辅当然明白这是康熙皇帝对自己工作能力的认可,加上又有下属的支持,接到任命后,他就即刻赶赴宿迁的河工署赴任。

在河工署衙门,他首先接到的却是他父亲的手书:"何以捍患、御灾,费节而工固? 无虔宵旰忧!(不要让帝王操心!)"老父亲是担心儿子官当大了,谋取私利,专门写信提醒他:"第能公尔忘私,不渝其操,我饮水亦知甘也。设以不逞将父,必资于官,以益禄养,是官非荣亲也,辱滋甚;养非娱亲也,戚莫大焉!"由此可见,靳辅有一个何等品行高尚的父亲。

靳辅面临的治河形势比他想象的还要严峻。

到任之后,他着手做的第一件事就是对黄河河道进行实地勘察、了解水情。他和随从人员一起,踏着泥泞的河岸,上下千里,观察河水形势。虽然洪水期还没有到来,但是可以看到南北两岸有大量的决口,下河七州县一片汪洋,沿岸到处是无家可归的百姓;整个运道尽毁,漕船凌乱地停泊在岸边的沙滩上,一片衰败景象。靳辅满心忧虑,喟然长叹:"河之坏极矣!"

查勘完毕回到总督府衙门后,靳辅并没有贸然开始规划他的治河大计。在给康熙帝的奏疏中,他说道:"毋论绅士、兵民以及工匠夫役人等,凡有一言可取,一事可行者,莫不虚心采择,以期得当。"在反思黄河混乱现状的同时,他也开始渐渐形成自己的治河思路,"河水挟沙而行,易于壅淤,惟赖清水冲刷,始能无滞,当审视其全局,彻首尾而合治之,不可漫为施工,堵使东筑西决,终归无益"。

痛心于当前的混乱局面,靳辅并不避讳批评他人,他直言过往河道总督只保运不治黄,已经导致黄河、淮河、运道全面崩坏。

他的心直口快,后来也多次给他招致麻烦,甚至一度延误了治河大计的整体实施,后面我们还会再说。

靳辅对治河用心之急切也溢于言表。工作思路既已理清,他便于七月初六一日之内连上八疏,十万火急地提出了自己的治河总方针和具体计划。

其内容大概包括:疏浚运河及清口,以至于入海口河道;加固现有黄河河道的遥堤、缕堤;加修高家堰,蓄高洪泽湖水位;开白洋清河,以东引河水;开清口,引淮水以冲刷黄河下游河道;保证相应的保障措施。可谓一应俱全。

仅仅半年时间,康熙就感受到了靳辅与历任河道总督的不同,如同一股清风扑面而来。他不仅提供了精细周密的实地查勘报告,还有理有据地完成了水情水势分析,并设计了周详可靠的治河路线图,所有这些无一不符合他的心意。靳辅不像以前的河道总督那样事事请旨,康熙终于免于劳心费力和苦苦定夺,他对自己的这次河道总督的任命不禁十分得意。

当他又看到靳辅的以三年为限,"黄淮归海,漕运畅通"的军令状时,就已经十分感动了,随即批准了他的治河计划。对于治河所需钱粮,也随要随批,并下旨:"治河大事,当为正项钱粮。"

能臣遭遇明主。黄河、淮河及运河全线之前,新晋河道总督靳辅运筹帷幄,志在必得,一场大规模的河道、运道整治工程,以千军万马之势正式开工了。

应该说,靳辅开工治河的初期是十分顺利的,几乎所有的工程措施都是按照他既有的设想按部就班进行。

甲 "疏浚河道"治下游

历代治理黄河泛滥,首要的就是堵塞决口,靳辅自然也不能例

(清)佚名绘《修筑河堤图》，现藏于中国国家博物馆。

外。不过，他在堵塞决口之前，先做了一个重要的铺垫工作——先进行河道疏浚。

靳辅疏浚河道的方式与前人并不相同。

从施工方案上来说，他是采取了自下而上疏浚的方法，即先从黄河最下游的清江浦至入海口三百多里的河道开始疏浚。

从施工技法上来说，他采用了新的"川字河"方法："于河身两旁近水之处，离水三丈，下锹掘土，各挑引水河一道，面阔八丈，底阔二丈，深一丈二尺，以待黄淮下注。"故河道加上两条新修的引河，三条平行，故曰"川字河"。所挖引河之土，恰好可以用于修筑新引河的堤防，从而达到了"寓浚于筑"的目的。

乙　"修减水坝"治上游

靳辅治河有个理论，即欲使下流得治，必治好上流。

治上流用的就是修筑减水坝之法，这其实是沿用了前朝潘季驯

（清）佚名绘《黄河堤防堵口图》，现藏于中国国家博物馆。

的思路。

后人说起潘季驯，印象中他只知道修堤"束水攻沙"，实际上，潘氏治河之妙在于其灵活运用，对于常见的小洪水，便筑堤束水冲刷河道；对于威力巨大的特大洪水，又采用减水坝的方式巧妙地实现了水势分杀。

靳辅通过实地查勘河道，认为"上流河身至宽至深，而下流河身不敌其半"，有碍行洪，为防止在黄河下流继续决口，在砀山以下至睢宁间的狭窄河段内，因地制宜有计划地建了十三座减水坝（闸），用于异常洪水时分泄洪水。

靳辅的做法比潘季驯更为巧妙，他给每一座减水坝设置了可调控的闸室。不但确保在发生大洪水时能顺利分洪无虞，而且在遇到淮消而黄涨时，还可以灵活调度各闸分出之水，经沿程落淤澄清后，泄入洪泽湖，再由清口入黄河主河道，以清刷黄。

丙　堵塞决口

下游疏通完毕,上游减水坝也修好了,靳辅就把主要精力放在堵塞决口上。

当时黄河两岸决口二十余处,高家堰决口三十余处。而且口门有大小,位置有上下,堵塞有难易,情况各不相同。他认为大口难堵,常需要数月才能堵合,大口竣工后,各小口又刷成大口,使得堵不胜堵,因此先堵小口为要。

对于口门的上下,再根据具体情况而定,采取先易后难的原则。上流口门大,下流口门小,时先堵下流口门;下流口门大,上流口门小时,先堵上流口门,最后"以全力施之大者"。在现场堵口的时候还根据实际情况"或挑引河,或筑拦水坝,或中流筑越堤,审势置宜,而大者小者,当亦无有不受治者矣"。

丁　坚筑河堤

我们既然说靳辅沿袭了潘季驯的治河思想,那么他自然十分重视堤防的作用。

靳辅治河在黄、淮、运两岸整修了千里堤防。无论是堤防长度、堤防防护范围还是治理效果,都远远超过前朝潘季驯时期。他不但将黄河堤防防护上延至河南境内的考城、仪封及封丘荆隆口,而且增筑了宿迁、虹县黄河南岸的归仁大堤。

他培修加高高家堰大堤,蓄高洪泽湖水位,以淮河之清水冲刷黄河下游淤塞之河道。而且新建云梯关至海口束水堤七十二里,使得"凡出关散漫之水,咸逼束于中",形成了"冲沙有力,海口之壅积,不浚而自辟"的良好态势。

上述治河举措实施完毕,当年就见到了很好的效果:黄、淮各决口相继堵复,当水归正河后,在"川"字形三条河道中间的两道沙堤,

（清）《乾隆南巡图卷》，描绘高家堰修筑情景，现藏于中国国家博物馆。

经河水由上而下左右夹攻即顺流刷去，使三条河道合而为一，并相继被冲宽刷深，入海通道迅速恢复。当最后的杨庄大工堵塞后，黄河全部归入正流。

不仅如此，针对朝廷关注的漕运要道，靳辅在运河南北段共建闸坝二十六座，涵洞五十四座，一度使得整个南北运河畅通无阻，漕运船只安全无虞，"商民齐声称颂"。

御前会议

靳辅的治河之路看上去十分顺利。但是，从历史上来看，桀骜不驯的黄河从来不会那么轻易屈服于人。

康熙十九和二十年，黄河连续暴发了两次大洪水，这对靳辅上任以来大力新修的治河工程是一个重大考验。有些工程被突如其来的大洪水冲毁了，在萧家渡甚至还发生了新的决口。

康熙帝知道此事后十分忧虑。有一次就问身边的大学士："修治决口,费如此多的钱粮,不久复决,此事如何?"

大家都知道黄河本来就难治,自己也并无奇谋良策,只好说靳辅提出的期限未到,应当让他继续督修。

很快就到了康熙二十年(1681)五月,承诺的三年期限已到。本已归故的黄河因为萧家渡决口,还是造成了大范围的灾害。未及他人提醒,靳辅就主动上疏请罪:"臣前请大修黄河,限三年水归故道。今限满而水犹未归,一应大工细册,尚未清造,请下部议处。"

因为有言在先,康熙虽并不情愿,还是不得不下令给靳辅革职处分。当然,康熙也清楚,自古以来治河大事从无一蹴而就之理,靳辅前期的总体思路还是对的,只不过遭遇大洪水,也断非人力所能控制,再说已经投入那么大的精力了,总不能就这么半途而废,所以仍命他戴罪督修。

既然是戴罪督修,靳辅接下来的压力就大了许多。实际上自萧家渡决口事件发生后,每每夜深人静时,他就会拿出刚到任时老父亲寄给他的那封家书,想到由于自己的原因让皇帝操心,内心就觉得十分愧疚。

事情也在悄悄发生着变化。

通过这两场大洪水的检验,康熙对靳辅已经由以前的充分信任,转变成现在的半信半疑了。再加上由于靳辅性格耿直,在朝中也得罪了不少人,现在看到他戴罪治河,也难免有人幸灾乐祸,甚至风言风语四起。

每朝每代都不乏好事之人。

当时有一位名叫崔维雅的人,在康熙元年就曾参与治河,起到过一些成效,还著有《河防刍议》《两河治略》等书,并颇为自得。他对于靳辅大兴土木治河的做法本来就十分反感,认为其好出风头,现在看到靳辅有难,便即刻上疏建议靳辅立即停止在河南修建减水坝,认为是劳民伤财。

（清）康熙像，现藏于中国国家博物馆。

看到崔维雅的上疏，康熙也不知道对还是不对。

但是考虑到靳辅革职以后，会导致黄河的治理思路陷入混乱，他就决定通过御前会议来统一一下思想。

实际上，清朝自康熙开始，便建立了一项重要的"御门听政"制度。无论寒暑，每天早上辰时准时开始，以朝廷会议的方式来讨论大臣的奏报或者商议军国大事。会议的地点就在乾清门。

康熙二十一年（1682）十一月二十三日辰时，乾清门。

康熙亲自主持，清廷大学士、九卿、詹事、科、道等众多官员，当然包括靳辅以及反对派崔维雅等人，共同开会来讨论接下来的治河事宜。

会上，康熙命靳辅先口头说明自己的意见。靳辅说：

> 臣受河工重任,不敢不尽心竭力,以期有朝一日大功告成。今萧家渡工程,至来年正月一定完工。其余河堤,估计用银得一百二十万,逐处修筑,可以完工。

康熙追问:

> 尔从前所筑决口,杨家庄报完,复有徐家沟;徐家沟报完,复有萧家渡。河道冲决,尔总不能预料。今萧家渡既筑之后,他处尔能保其不决乎? 河工事理重大,乃民生运道所关,自当通盘打算,备收成效,不可恃一己之见。

靳辅听闻此言,知道是背后有人告自己的状,就当堂指出人事问题比自然灾害影响更大:

> 若人事既尽,则天事亦或可回。

　　康熙对他这种回避技术问题的态度十分不满,又让他对崔维雅的治河意见发表看法。
　　靳辅知道崔维雅并非真的懂治河,但也怕与他纠缠不休,就对其所持观点的两个明显破绽大加反驳。
　　一是反对崔维雅计划每天用民夫四十万去河道挖沙疏浚,认为各省民夫远道而来,效率低下,而且遂挖遂淤,几乎没有任何效果;
　　二是反对崔维雅提出的建河堤“以十二丈为率”,指出“河堤必因地势高下,有的应十五丈,有的七八丈,岂可一律规定丈尺”。
　　康熙帝听靳辅说完以后,“思之良久”,也当场表示“崔维雅所奏无可行者”。五年后崔维雅去世,在议给恤典时,康熙帝仍说他“系不端之人,当时曾议修河,若委以此任,不但工不得成,必至事体败坏”。

从这次御前会议，我们还能看出康熙为政的另外一个特点，即他在处理政务时沉稳冷静，同时又显示出其为政的仔细与谨慎。

法国传教士白晋曾多次晋见康熙，他曾说过："甚至在特别接见时，他也询问为多，极少首先发表自己的意见。他倾听别人所讲的一切，然后在空余时加以思考。很难找到一个皇帝像他这样认真思考自己看到和听到的一切。需要时，他能把自己的想法隐蔽起来。没有人比他更能严守秘密，声色不露。"

他曾就朝廷大臣为了迎合自己而鲜有进谏之事训谕："今尔等不各以所见直陈，一切附会迎合朕意，则于事何益哉！……虽朕意已定之事，但视何人之言为是，朕即择而行之，此尔等所共知也。"由此，我们可以看出他"思之良久"的用意。

这次争论以崔维雅的方案被否决而告终。靳辅被宽大免罪处理，其既有的治河思路得到认可，所有工程仍按原计划督修。

经过这次御前会议后，靳辅明显加快了工作步伐。

他知道，消除朝臣误解最好的办法就是尽快完成自己的治河工程。同时，他也加强了日常向康熙帝汇报工作的力度，凡有工作进展及时汇报，凡有问题及时请示，以免再有小人从中作梗，影响既定的治河大计。

康熙二十二年四月，他上疏报告萧家渡合龙、河归故道，同时提出大河直下、清口附近的七里沟等四十余处出现险情，建议天妃坝、王公堤及运河闸座均应修筑河堤。

五月，靳辅上疏请求让河南巡抚修筑开封、归德两府境内河堤，防止上流壅滞，并激情直言："成与不成在此一举！"看到靳辅都这么说了，康熙对于其所有的钱粮请求都即刻给予解决，随时要随时批。

七月，当康熙再次向户部尚书伊桑阿、学士胡简敬询问黄河治理情况时，他们都说河归故道，船只往来无阻。

康熙十分高兴，以前对靳辅的怀疑也一扫而光，若有所思地说："前

(清)《乾隆南巡图卷》,现藏于中国国家博物馆。

见靳辅为人似乎轻躁,恐其难以成功。今闻河流得归故道,良可喜也。"

戴罪治河的过程中,靳辅其实一直承受着巨大的精神压力。康熙二十三年(1684)七月,从治河工地回京的内阁学士席柱对康熙帝奏称:"曾见靳辅颜色憔悴,河道颇好,漕运无阻。"并说已亲见亲闻治水新河工连续两年发挥功效。康熙对于此前怪罪靳辅也有所悔悟,说:"前召靳辅来京时,众议皆以为宜更换……使轻易他人,其事必致后悔矣。"

同年十月,康熙帝南巡,遍视各处河工。十七日到达山东郯城红花铺,作为河道总督的靳辅与地方官员同到康熙驻地朝见皇帝,然后靳辅随从康熙帝巡视。一路下来,康熙看到黄河、淮河、运河被治理得井井有条,心情大好,连声称赞。

在过去,皇帝是九五至尊,有着无上的权威。能得到皇帝的接见,这份荣耀也令人忐忑不安。孔子曾描述过大臣晋见君王的礼仪,"摄齐升堂,鞠躬如也,屏气似不息者",连大气都不敢出。而朝堂之上,帝王的褒奖和训斥不但事关个人前程,还往往影响着一个家族的声誉,绝非小可。

在二十一日这天,康熙对靳辅讲述了自己多年来对治河的感受和意见。他说:

朕向来留心河务,每在宫中细览河防诸书及尔屡年所进河图与险工决口诸地名,时加探讨。虽知险工修筑之难,未曾身历河上,其河势之汹涌漶漫,堤岸之远近高下,不能了然。今详勘地势,相度情形,细察萧家渡、九里冈、崔家镇、徐升坝、七里沟、黄家咀、新庄一带,皆吃紧迎溜之处,甚为危险。所筑长堤与逼水坝,须时加防护。

大略运道之患在黄河,御河全凭堤岸,若南北两堤修筑坚固,可免决啮,则河水不致四溃。水不四溃,则浚涤淤沙,沙去河深,堤岸益可无虞。今诸处堤防虽经整理,还宜培茸增卑,随时修筑,以防未然,不可忽也。

又如宿迁、桃源、清河上下,旧设减水诸坝,盖欲分杀涨溢。一使堤岸免于冲决,可以束水归漕;一使下流少轻,可无淮弱黄强、清口喷沙之虑。近来凡有决工处所,皆效其意,不过暂济目前之急。虽受其益,亦有少损。倘遇河水泛溢,因势横流,安知今日之减水坝不为他年之决口乎?且水流浸灌,多坏民田,朕心不忍。尔当筹划精详,措置得当,使黄河之水顺轨东下。水行沙刷,永无壅决,则减水诸坝皆可不用。

运道既免梗塞之患,民生亦无垫溺之忧,庶几一劳永逸,可以告河工之成也。

虽贵为天子,但纵观全文,若论天下大势,则忧运道民生之重;言及具体则细说河图,甚至于尽知沿河村庄、险工之名称;格物机理,则深究水沙之势,切中其弊,令人叹为观止。

靳辅仔细聆听了皇帝的训示,也借此难得机会提出了对治河的下一步设想,以期得到康熙的继续支持。他说:

黄河为患最大,为功最艰,目前急务,不得不治其大而

略其小,故借减水诸坝,使决口水分势弱,人力易施。待黄
河尽复故道之后,臣当更议筑塞减水诸坝。

康熙那天虽然十分高兴,但对修减水坝之事并未多言,只是把所
著《阅河堤诗》亲洒翰墨,赠与靳辅。诗曰:

> 防河纤旰食,
> 六御出深宫。
> 缓辔求民隐,
> 临流叹俗穷。
> 何年乐稼穑?
> 此日是疏通。
> 已著勤劳意,
> 安澜早奏功。

明争暗斗于成龙

人们多对电视剧里面的两江总督于成龙印象深刻,康熙帝曾在
懋勤殿亲自召见他,并誉之为"今时清官第一"。其实,在康熙时期,
还有一个同名同姓的于成龙,甚至同样清廉,后来也官至直隶巡抚、
河道总督。

康熙在南巡江宁时,曾得知江宁知府于成龙亦廉洁,分外高兴,
亲书手卷赐之,并语重心长地嘱咐说:"人靡不有初,鲜克有终。尔必
自始至终,毋有改操。务效前总督于成龙,正直洁清,乃无负朕优眷
之意。"当月,康熙帝就提拔他为安徽按察使。

但就是这位于成龙差点导致靳辅被杀。

实际上自康熙二十二年(1683)以后,靳辅治河已经颇见成效了。由于采用了上游分泄、下游疏浚的准确定位,加之两岸筑有重堤,使得砀山至淮阳一段的黄河故道迅速得以恢复,河势的稳定让一度停滞的漕运通道也变得畅通无阻。

康熙二十三年(1684),康熙南巡河工时又发现了新问题。他看到虽然黄河沿岸无虞,但是其支流洪泽湖沿岸高邮等地因淤积严重导致湖水水位壅高,大片田地被淹。他记住了这件事,摆驾回宫后,便决意要疏浚洪泽湖到入海口的下河工程,并表示:"下河必治,所需经费,在所不惜。"

实际上黄河夺泗水后,与淮河交汇于淮阴。淮阴的清口本是泗水的入淮口,现在成了黄淮的交汇口,由于不断淤高,才形成了上游的洪泽湖,并且其面积不断扩大,甫一遭遇洪水便会在上游造成大量淹没区域。

这一次,靳辅似乎没有跟上康熙的节奏。他当然也在追求他心目中的完美,但他所关注的却是漕运通道的一劳永逸问题。

他知道黄河善于淤积的特性,虽然现在畅行无阻,但保不准哪天一场大水就又把运道阻塞了。为了提高漕运通道的顺畅率,从康熙二十四年开始,靳辅就开始筹划修筑对整个清代漕运史上影响重大的"中河"。

那么,什么是"中河"呢?

原来清代的漕船在运河中北行,出清口后即进入夺淮后的黄河,要在黄河中航行一百八十里。由于淤积严重,河道十分狭窄,常常要用许多纤夫拉纤,行船缓漫而且风涛险恶,不时有漕船沉没。

靳辅解决问题的思路是紧邻着现有河道另开一条新河。他从骆马湖(今宿迁县北)开渠向南沿宿迁、桃源、清河三县北岸,挑开三百里长的中河河道,使漕船出清口即截流经渡北岸,在黄河中只行驶二十里即进入中河,然后沿皂河、伽河北上进入山东。这样就使得黄

知道了

康熙肆拾肆年陸月

初叩

日奴婚河南等處此方候賢差行泉理河道都察院副都御史臣董安國題

間

命之至謹具奏

聖恩委繁紀行臣不勝悚懼待

天威伏乞

上諭盡心料理不敢一毫忽視臣理城溢下情具相肯瀆

日山東地方

題造梅棚及臣往衍內河工自應遵奉今年間捌月貳拾

辛具

聖明卸天地思帥恭次不情客前項工程原目臣一時愚眛草

銘骨卸不敢存一毫欺瞞之心如存此心下祖難逃

帝王的御批,看似简单,实则藏有玄机。比如"知道了",本意是说他并不同意所奏的内容,不过对于上奏者也不必斥责。

河、运河实现了分离,极大地保障了漕运安全,并提高了漕运效率。

对于这条新修的"中河",后人有评价"中河之役,为国家百世之利"。

新"中河"的修建实现了极大的效益,康熙对于这个巧妙的构思也十分惊喜。但是,当靳辅提出希望在上游继续修一些减水坝,以减轻大洪水对新中河的压力时,他与康熙在治河观点上的差异就越来越大了。

大家可能还记得康熙上次巡视河工时,在山东郯城红花铺接见靳辅,靳辅趁皇上高兴汇报了兴建减水坝之事,康熙当时并不热心,因为他还有自己的考虑。

康熙认为上游的减水坝已经够多了,再说减水坝只是有益河工,并无益于他所关心的洪泽湖的淹没问题,因此命他再详加考虑。他是希望靳辅能腾出手来先疏浚下河工程。

康熙见一直不能说服靳辅，就决定绕开他另外找人来做这件事。他任命时任安徽按察使的于成龙来负责下河工程。于成龙对于康熙想要做什么心知肚明，到任后立即奏请疏浚下河河道。

于成龙此时是正三品的安徽按察使，靳辅是正二品，而且安徽境内的黄、淮、运都是河道总督靳辅的管理范围。按说他犯不着与靳辅作对，但是由于有皇帝的支持，再加上他一直以来就对靳辅颇不服气，便想通过疏浚下河河道这件事来为自己证明，证明他治理黄河比靳辅还要在行。实际上，于成龙后来也当过一段时间的河道总督，还奉诏主持浑河治理，使得京畿免受水患数百年，康熙还曾赐河名为"永定河"。

靳辅本来是想淡化康熙整治下河工程这件事，但是事到如今，他知道再也躲不过去了。他随即上疏指出于成龙所奏存在重大隐患，"下河河道低于海平面五尺，疏浚海口不但不能泄水入海，反会潮水内灌，造成更严重的灾害"，建议即便是要整治下河口，也不应该采用挖的方式，而是应在下河两岸筑长堤束水以冲刷河槽，并抵御海潮入侵。

于成龙上疏整治下河工程本来就是康熙授意，但他还是想听听靳辅的意见。康熙二十四年十一月，靳辅、于成龙应召进京，康熙让二人在朝廷会议上呈述意见。由于二人仍各执己见，与会大臣也分成两派，建议不能达成共识。康熙帝又多次派人下去调查，但这些人的说法也各不相同，如此反复，仍未能达成统一的意见。

然而，不久以后，事情却突然发生了转机，并且由技术上的争论迅速转化为政治上的争斗。康熙对靳辅的信任又发生动摇，也有更多的人向靳辅展开猛烈攻击。

到底发生了什么事呢？

原来靳辅再一次受累于他的耿直。

普通人在官场上很容易言不由衷,顺情说话而给别人戴高帽,但如果是靳辅,情况则大为不同。对朝廷大臣自不必说,即便是面对当朝皇帝,靳辅也没有学会揣测他人心思来说话。

看到靳辅固执己见且"屡屡犯上",有居心叵测的人便揣摩出皇帝对靳辅有不满之意,遂联合起来,趁机发难,开始对靳辅进行打击报复。

康熙二十七年(1688)正月,御史郭诱突然参奏靳辅"靡费帑金""攘夺民田,妄称屯垦,取米麦越境货卖",弹劾他"听命陈潢,抗命犯上",要求严加处分,并声称"去一靳辅,天下万事仰赖"。

工部也趁机发难,提出靳辅治河已经九年,未获成功,靡费钱粮,应交部里严加议处。

最为严重的是御史陆祖修对靳辅的弹劾,认为其"积恶已盈",并用"舜帝殛鲧"作为比喻,暗示应当杀了靳辅。

康熙帝虽然对靳辅执拗的性格不满,但也很怀疑奏劾靳辅的人是否实事求是,便认为不能仅据此定案,还是应该给本人以陈辩的机会。

靳辅听闻此事,一度十分消沉。

想到自己尽心尽力于千里大河之治理,从不耽溺于官员蝇营狗苟之事,风餐露宿一日不曾歇息,心力交瘁从来毫无怨言,现如今竟惹得这些整日无所事事的卑鄙小人在背后滥权诬告,万般委屈涌上心头。

"为官避事平生耻,视死如归社稷心",倔强的靳辅不曾后悔,他去意已决。

他决定冒死自请入觐。

得到皇帝允许后,靳辅到京上疏密奏于成龙、孙在丰、慕天颜等人"朋谋陷害、阻挠河务",然后慷慨陈情:

> (臣)受命治河之日,正当两河极敝之时,自砀山抵海口,两岸决口七八十处,高家堰决口三十四处,下河七州县一望汪洋,清口运河变为陆地。臣昼夜奔驰,尽复其故,又

创开皂河，俾漕艘无阻。……至浚筑经费，初蒙特遣部臣勘估，计需六百万两，臣苦心节省……止用二百五十一万两，不及部臣估计之半。而诸臣诬为糜帑营私，夺田屯垦，必欲陷臣、杀臣而后已。

这段密奏看得人冷汗直冒，先是直陈于成龙等人朋比为奸；继而晓之以理，动之以情，告诉康熙皇帝，你现在黄河治理好了，可别忘了当初黄、淮、运乱成一团的样子，我为国家省下的那么多银子，没有功劳也有苦劳，总不能这么快就卸磨杀驴吧！他最后一针见血地指出，于成龙等人正是为了私利而欲置人于死地！

靳辅和于成龙之间的矛盾陡然升级，一触即发。

康熙还是很善于通过开会来解决问题。三月八日，康熙召集大学士、九卿、科、道，漕运总督董讷、原任尚书佛伦、熊一潇等人，当然还包括于成龙和靳辅，专门开会讨论此事。

靳辅以河道总督的身份赴会，因为此前已经给皇帝上过密奏，他现在心里踏实了许多。会上自然分为两派，一派如董讷等继续攻击靳辅，捎带着陈潢；另一派如佛伦等，在替自己开脱的同时，巧妙地支持着靳辅。两派争得不可开交，主要的对立面仍然是靳辅和于成龙。

会议仍然是先从技术讨论开始。

靳辅重申筑中堤的主张，于成龙则指责靳辅有违圣意，千方百计阻挠开下河。

两人你一言我一语，有问有答，有来有往，越辩越起劲儿。

说着说着就变味了，双方开始人身攻击。

于成龙说到激烈之处，直言："江南百姓恨靳辅，欲食其肉。"[1]

---

[1] 白寿彝主编:《中国通史》第十卷（中古时代·清时期），上海人民出版社，1996年，页76。

黄河防汛捆抛柳石枕演习 (摄影:毛宁)

　　靳辅则反唇相讥:"臣为朝廷效力,将富豪隐占之地查出甚多,所以地主豪强怀恨于我,这与百姓何干?"

　　董讷感到在至尊面前如此争辩,如同泼妇骂街,成何体统,就努力在他俩中间说些好话掺和着。

　　当天谁也没有说服谁,第二天又继续争论,但仍是各持己见。

　　于成龙绞尽脑汁想了一夜,终于想出了一个新的问题,他说:"你靳辅虽然是为治河不假,但是向民间摊派柳枝却不对。"

　　靳辅觉得十分好笑,就反问道:"于大人,柳枝不用于河上,你将用于何地呢?"

　　于成龙也不知道用于何地,但仍然坚持说靳辅不该骚扰老百姓乱要柳枝。

　　真理总是越辩越明,通过两人的争论,康熙帝渐渐看出于成龙的确不懂河务。但是他对靳辅固执己见、经常与众议不合,也十分不满,尤其对靳辅阻挠自己所主张的下河工程很是生气,对他也严加训斥,并给予了革职处分,由福建总督王新命代任河道总督,陈潢也被革去佥事道职务。

　　康熙的训斥顿时使得靳辅声誉扫地,他眼见于成龙暗暗得意,也只好内心挣扎着行礼如仪,谢恩而去。

他很长时间都想不明白。自己虽为人耿直,但并不傲慢;虽非天资聪颖,但勤奋且努力;治河虽难言功高,但沿岸民众无不称颂。他自认为尽心尽力干了十年河道总督,到如今,竟也落得个如此下场。

他内心的委屈无处诉说。

他的身体也一日比一日消瘦。

好兄弟

陪同靳辅同时受难的,还有他的好兄弟,陈潢。

陈潢(1637—1688),字天一,浙江嘉兴人,少时怀才不遇。

康熙十年(1671)夏六月,他游历来到邯郸吕祖祠。

祠堂的地势很好。

门前便是一大片湖面,湖心有一座小岛,掩映在翠绿的竹林中,或许是湖与岛相映成趣而美,便有了"双美湖"的称谓。

走进祠堂,便可以看见东西两侧手持阴阳宝扇的武士,间或有几个仙童侍陪。走过天井,便是大殿,面对山门就是一尊巨大的吕祖石像。

一副修长的楹联从大殿高处飘然垂下:"睡至二三更时,凡功名皆成幻境。想到一百年后,无少长都是古人。"

虽无菩提,一句话就让本已是身心疲惫的陈潢大彻大悟了。他开始感念人生无趣,甚至想就此遁入山门,修身养性。

可是,他似乎又心有不甘。

想来想去,竟是无亲可念。天地虽宽,一无寄居之所;驿路通达,不知何处归家。向小居士讨得笔墨,他在山门前的影壁墙上挥毫书就:

四十年中公与侯，

纵然一梦也风流。

而今落魄邯郸道，

要与先生借枕头。

写罢，扬长而去。

不曾想，就是这随手写就的一首无名小诗，使得这位怀才不遇的才子，遭遇到他人生中的知遇恩人——靳辅。

靳辅自北京南下，正在赶往安徽巡抚衙门上任的路上。这一日途径邯郸，据当地人说吕祖祠颇有名气，便乘兴入内参拜。

一进山门，就看到了影壁墙上那首小诗，靳辅读罢，觉得诗意非凡，近看似乎墨迹淋漓未干，遂命人就近寻觅题诗之人。几经辗转，终于在吕祖祠内见到了落魄潦倒的陈潢。

靳辅此时已是朝廷三品大员，而陈潢则是一介布衣，可是俩人却一见如故。后来的事实也证明靳辅确实眼光不凡：正是当年这个穷困书生，辅佐他上演了一幕幕精彩绝伦的治河大戏。

靳辅也是后来才知道，陈潢"明钩戈之法，复精奇门步算。凡河防得失变态，并有先见，一时治河诸员以师事之"，因为屡试不第，科场失意，自知与仕途无缘，便已去此心愿。

再普通的人，也会有自己的梦想。

陈潢年轻时就好读农田水利之书。纯粹是因为爱好，他竟然想进行一次黄河实地考察。

他或许是历史上第一个以这种方式考察黄河的人，因为整个行程只有他一个人。

他开始离乡背井，风餐露宿，跋山涉水。一路走来，他沿着黄河，游历了宁夏河套地区、山陕山区、关中平原，甚至包括数百年前的黄河历史故道。他耳濡目染黄河沿岸受灾百姓的疾苦，也开始思索黄河的应对之策。当然，如果说此行的最大收获，自然是他与靳辅的相遇了。

历史也是相映成趣。

康熙曾为黄河之事日思夜寐，在富丽堂皇的深宫府院内，"以三藩及河务、漕运为三大事，夙夜勤念，曾书而悬之宫中柱上"。

恰逢其时，处江湖之远，在一破落寺庙中，一介布衣陈潢，在穷困潦倒之际亦挥毫题诗于壁上，直抒胸中抱负，并最终辅佐靳辅成就了康熙朝的黄河之治。

应该说青年时期的那一次黄河实地考察起到了至关重要的作用，陈潢对于黄河的治理之法颇有心得。他认为黄河由于形势多变，并无一劳永逸之策。治河之策需顺应河性而且因利导之，并应时时谨小慎微。

因为目睹中游黄土高原泥沙侵蚀的严重情况，陈潢也是最早建议采取中游减少泥沙入黄之策来根治下游河患的人，用今天的话说，也就是采用全局、系统的观点以根治河患。

他特别重视河防的管理工作，曾提议河官和河兵不应频繁更换，因为治河经验的养成非常重要。对于堤防溃决的堵口，他也颇有心得，并自有诀窍，比如先固定决口的两旁，不让决口继续扩大，等到主河渐渐复归故道时，再疏通引河用水进行灌注。而且他的堵口方法灵活多变，在实战中常常一举成功，在民间传为神奇之人。

成也萧何，败也萧何。只是用心治河的陈潢并无过错。

靳辅治河成功后，就空出了很多好田地，靳辅让陈潢来负责将空置田地分给当地穷苦百姓耕种，即所谓"屯田"。当时的地主豪绅也想分一杯羹，陈潢因为个性要强，坚持原则并未顺从，就触怒了这一帮人。

问题的关键在于陈潢身为幕僚，并无实权，体制内的朝廷官员大多也视之为无物。他们对靳辅的攻击正是从对陈潢发难开始的。

江南道御史郭琇是江南大地主阶层利益的代表,他曾上疏弹劾,指责靳辅治河多年,听命陈潢,今天议筑堤,明天议挑浚,浪费银钱数百万,没有终止之期。又指责他以朝廷爵位为私恩,从未收到用人得当之效。疏中对陈潢抨击之激烈,甚至于直斥为"一介小人,冒滥名器",提请严厉处分。

靳辅被撤职以后,陈潢也以"攘夺民田,妄称围垦"的罪名被削职。

如果我们把视野再放开一些,与此时相距不远的欧洲正处于波澜壮阔的文艺复兴时期,莎士比亚曾在《哈姆雷特》中发出了那句著名疑问,是忍辱偷生,还是一死了之?

陈潢一定看不了那么远,但他的选择却是同样刚烈。

士为知己者死。

康熙三十一年(1692),在靳辅自己的冤案得到平反的次日,他做的第一件事就是立即为他的兄弟陈潢上疏申诉。那时,他已是瘦骨嶙峋了。

他在《义友竭忠疏》中说,陈潢"鸿才卓识而复饶胆略,以康济为己任",赞其理河务"无避寒暑,无分昼夜,与大工为始终者十年如一日",言语恳切,字字泣血:"凡臣之经营,皆潢之计议!"

他发自肺腑的兄弟真情也最终感动了康熙帝。

陈潢终得昭雪。

终了

靳辅第二次被革职不久,臣下就向康熙帝报告了两件事:一是漕运通道受到阻滞,没人能够处理,地方上希望能另行派人去解决;再一个就是一百八十里"中河"现在已经全部开通了,请陛下训谕。

康熙马上知道这实际上是有下属在为靳辅表功。

这两件事都使得康熙颇感为难。

最让康熙担心的还不是自己的颜面。

他是唯恐新任河道总督尽废靳辅的治河成果，搞得前功尽弃。他告诫臣下："谓靳辅治河全无裨益，微独靳辅不服，朕亦不惬于心矣。"并指出新任河道总督王新命不得顺从于成龙，将原来靳辅所修工程弃置，否则就按"泄私愤"之名论处。

因为不放心，康熙又派大臣前去调查，临行前指示，若往所建闸坝堤埽及已浚引河，都应如靳辅所定章程，不必更改。

调查中，果然发现了问题。

学士开音布、侍郎马武曾到运河河道巡查，还朝后随即上奏："漕运总督穆天颜命令漕船退出中河。"皇帝责问穆天颜，穆天颜只好揭发了于成龙暗中用私人书信嘱咐自己不要附和靳辅的事实。康熙大为光火，当即削除于成龙"太子少保"头衔，降职留任。

这样一来，康熙心里更不好受了，他知道自己是冤枉靳辅了。

这一段时间，虽靳辅已经不在朝臣之列，但康熙在同臣下谈话时仍对其恋念不忘，"你们这些京官现在能够赖以为生，别忘了靠的就是靳辅所修筑沿河堤岸，漕船才能通行无阻。尔等虽身受其利，竟还在背后恶意中伤"，并直斥于成龙所云"河道已为靳辅大坏"纯属无稽之谈。

他又忘了自己当初对靳辅的责难之事，全推到了大臣那里。

康熙二十八年（1689）正月，赋闲在家的靳辅被召扈随从康熙南巡河工。二十三日查看运河河道时，康熙问他："尔当日如何筹画开浚中河？今又云何？"

从这句话，我们能看出，实际上康熙对靳辅当年的"中河"筹划，是颇有些意外的。

岁月的磨炼依然未能让耿直一生的靳辅变得世故而圆滑，但他的回答也滴水不漏,"微臣正是根据陛下在巡视河工时提出的要求所做,开浚'中河'后,果然不但解决了水淹民田问题,而且还能通漕船,也免除了黄河、运河并道带来的一百八十里之险",当然,他还念念不忘修堤防之事,"现在看来,如再把遥堤再做进一步加修,就更保险了"。

康熙听了这番话,颇觉称心,但也仍显得"若有所悟"。他随即指示河道总督王新命继续完成"中河"善后事宜,并强调要按照靳辅所说,先修遥堤及减水坝。

康熙这一次南巡,亲眼所见靳辅所疏理河道及修筑的上河一带堤坝,的确卓有成效;特别是沿途总听到江淮百姓、船夫纷纷称赞原来的总河靳辅,念念不忘他的好处。康熙内心越来越觉得以前的革职处分确实太重了。

实际上这时候,康熙已经开始完全接受靳辅了。

康熙二十九年(1690)三月,漕运总督董讷以北运河水浅为由,拟尽引南旺河水北流,仓场侍郎凯音布也请浚北运河,康熙帝召靳辅咨询,靳辅认为从北运河两旁下埽束水,不必引南河北流。这时靳辅以治河专家的身份发挥了作用。

康熙三十年(1691)九月,奉命同户部侍郎博际、兵部侍郎李光地等阅视黄河险工,行前康熙帝特别提到靳辅"于河务最为谙练"。

康熙三十一年(1692)一月,报告黄河南北两岸无冲损的减水坝及应加培的单薄处,并绘图呈览,下九卿会议,令如靳辅所议实行。

二月,河道总督王新命被告发贪污库银六万两,康熙此后更加重视选择河总人选。他比较了几个可供任命的人选,还是决定罢免王新命,重新起用"熟练河务及其未甚老迈"的靳辅为河道总督。康熙帝说这可以解除他"数载之虑"。

靳辅已经被两次残酷的官场争斗折磨得身心俱疲,便以体衰多病推辞。

康熙不许,但作为安抚,就让顺天府丞徐廷玺给他当下手。

他只好走马上任了。

叹年光过尽,功名未立;书生老去,机会方来。

靳辅这一次上任,也走到了他生命的尽头。

他上任不久,陕西西安、凤翔地区遭灾,康熙下令截留江北二十万石漕粮,命从黄河运到山西蒲州(今永济县)。靳辅亲自督运,水路运至孟津,然后陆路运到蒲州,尽心尽力,得到康熙嘉奖。但是经过此次舟车劳顿,他的病情也日益加重了。

在生命的最后一段时间,他仍然连连上疏,复陈两河善后之策及河工守成事宜。

七月二十六日,他开始发烧不止。

迁延月余,这位作出了重大贡献的清朝治河大臣逝于任所,终年六十岁。

康熙对于靳辅的去世十分悲伤,对他的葬礼也备极哀荣。褒扬其治河功绩,"其利益在国家,其德泽在生民"。朝野上下,念念不忘其治河之功,官方和民间建立专祠来纪念他。

康熙四十六年,距离靳辅第一次出任河道总督已经过去整整三十年了。

康熙再次南巡之时,看到现如今黄河依然受惠于靳辅治河的功绩,不禁感慨万千。抚今追昔,他在对吏部官员的谈话中,对靳辅的治河工作做了全面的评价:

> 康熙十四五年间,黄、淮交敝,海口渐淤,河事几于大坏,朕乃特命靳辅为河道总督。靳辅自受事以后,斟酌时宜,相度形势,兴建堤坝,广疏引河,排众议而不挠,竭精勤以自效,于是黄、淮故道次第修复,而漕运大通,其一切经理之法具在,虽嗣后河臣互有损益,而规模措置不能易也。

至于创开中河,以避黄河一百八十里波涛之险,因而漕挽安流,商民利济,其有功于运道民生,至远且大。朕每莅河干,遍加咨访,沿淮一路军民感颂靳辅治绩者众口如一,久而不衰。

有时也会想,在我们一向斥之为腐朽、黑暗、集权的封建体制下,竟也会有如此之众的廉吏能臣,从贾鲁、刘大夏到靳辅,哪个不是骑上马打仗,真刀真枪地驰骋沙场;跳下马就治河,该堵的堵,该疏的疏,又整得井井有条;不但如此,还个个龙飞凤舞写得一手好字,让我们今人情何以堪呢?

卷四　民国·现代

（1912年至今）

第七章
李仪祉：西学东渐，民国风范

大清帝国的轰然倒塌与秦帝国的横空
出世交相辉映，封建王朝在华夏大地上的轮
回到此戛然而止。四万万五千万中国人，懵
懂中进入了一个据说是民主共和的新世纪。
然而又有谁可知，噩梦才刚刚开始。

民国伊始，先是军阀混战，继而日本侵
华，然后又是解放战争。加之这一时期天灾
不断，回想民国的历史，实苦不堪言。

李仪祉像

民国之初的北洋政府虽然已经深刻认识到水利的重要性，但实际
水利成就则几乎全无，这一时期的黄河更是灾情不断。殆及南京国民
政府时期，1933年黄河发生了近代史上有水文记录以来的最大洪水，丰
富的影像资料和文字记载，让今日的人们对当时的境遇犹觉触目惊心。

民国时期，西方现代治河理论开始传入中国。李仪祉先生品德
高尚、学贯中西，不仅教书育人桃李满天下，而且治河之策融古汇今，
汲取现代西学，殚精竭虑为国为民，堪称民国时期黄河人物之楷模。

愤怒的青年

从上古到民国，时间一晃就将近五千年了，无数黄河历史人物在我们面前晃动，如影随形。可是，如果非要让说出一个"愤怒青年"的话，我一定会推出李仪祉先生来。

李仪祉（1882—1938），字宜之，陕西蒲城人，我国近代著名水利学家。

先生年轻时有一件事令人印象深刻。1911 年，武昌起义的消息传到德国，当时在柏林皇家工程大学土木工程专业学习的李仪祉听说后，当即买了一把左轮手枪和几十发子弹，只身坐船回国，要参加辛亥革命。可是等回国到了上海以后，情况发生了变化，由于南北议和，战事已停，国内形势已经安定下来。随后民国成立，袁世凯继任临时大总统，北洋政府也就正式执掌行政运转开来。

李仪祉入行武未成，在上海闲居，他将身上仅有的 300 先令全部捐给了红十字会。碰巧他的父亲李桐轩从陕西来沪，得知儿子也在上海，父子相见，欣喜异常。兴奋之余，始发现父亲大冬天竟然还穿着一件单衣，可是当时自己的钱全捐出去了，身无分文，李仪祉当即就把在德国买的左轮手枪和子弹都卖了，给父亲买了件皮衣穿上。父子俩终于都暖和了。

国事暂时安定，家事安排妥当，李仪祉决定回德国继续完成未竟的学业，以报效国家。对于这种颠沛游离的经历，在那一时期知识分子身上并不鲜见，"学书未成先习剑，用剑无功再读书"，正是先生的写照。

晚清及民国初年派出西方的留学生都有一番刻骨铭心的经历。1894 年中日甲午海战爆发，当时号称亚洲第一的北洋舰队全军覆没，

第一批"留美幼童"成年后合影,现藏于中国国家博物馆。

朝野震惊。国内有识之士开始反思,认为"中国士子墨守旧学,足迹不出里门",对西方科技置若罔闻,造成国力衰败。

1901年,清政府提出"造就人才实为当今要务","学习一切专门艺学,认真肄业",当时赴欧美留学生的规模每年大约一二百人。赴欧洲留学生主要集中在英、法、德等国,他们中间不少人后来成了我国现代科学和民主政治的开拓者。李仪祉正是在这样的历史条件下赴欧留学的。

在留学德国时期,李仪祉因其质朴直率甚至有些刻板的个性,被同窗奉以"圣人"的雅号。他与同学来往不多,既不好时兴的"舞剑""比斗",也不喜欢与唐人街的风尘歌女"狎邪游",曾有一德国少女邀请他跳舞,据说他当时是慌张至极,幸亏先生学贯中西,且运用之妙存乎一心,遂以古人"不能射,辞以疾"之策御之。

李仪祉苦学两年学成,便起程回国,甚至于等不及授学位,他自有理由:"我不远万里来到德国求学,求的是学问,而不是学位,学位对我毫无用处;而且我是公费学生,用的钱是老百姓给的,能省一文是一文，无论如何不能浪费的。"

满怀一腔报国热情的李仪祉先生回国后，与实业救国的大商人张謇联手，创办了中国首所水利高等专科学校河海工程专门学校（今河海大学前身），开始培养我国第一批现代水利事业人才，这其中不乏后来鼎鼎大名的宋希尚、沙玉清、汪胡桢等人。

李仪祉的知遇恩人张謇，不仅生意做得好，还有一个特殊身份——清末最后一个状元。虽说是状元，考试却并非第一名，而是第六十名。所谓有福之人不用忙，因为恰逢慈禧六十大寿，老佛爷一高兴，给他弄了个状元！

特殊的身份加上其聪慧机灵，使得他颇受慈禧太后喜欢，两人之间有一段直言不讳的对话，听来也颇为有趣。

张謇问道："鼎新（改革）是真还是假？"

太后愕然："由于国度情势不好才着手改进，鼎新还有真假不成？"

她在张謇眼前从不粉饰自己的心力交瘁："我久不闻汝言，政事废弛如斯。我此刻召对臣工，乃至连县官也经常召见，哪一次我不是用言语以求激起天良，要求他们认真处事？岂不料竟全无打动！"

看来，慈禧到死都没弄明白，为什么连小小的县官都听不进去她的话。

有趣之处是她说至动情之处，也会因委屈而抽泣。当又言及海外留学生对时政不满，纷纷拥戴革命，举国人心涣散时，慈禧竟不由得放声痛哭，毫无顾忌。看来女人是水做的，即便是女强人慈禧也不能例外。

实际上，通过这段对话，我们也能稍稍理解李仪祉愤然回国的情感经历了。身处清王朝崩溃与军政府执政的混乱时代，直面民心尽失、家国凋敝的绝望之境，总会让那些不服输、有梦想的汉子油然而生几分豪气。

京师大学堂旧址

京师大学堂位于北京地安门内马神庙,成立于 1898 年,是中国第一所国立综合大学,辛亥革命后改为北京大学。

更何况,先生的愤怒是有家传的。

光绪三十年(1904),李仪祉考入京师大学堂,临行前,其父李桐轩作诗赠别:

人生自古谁无死,

死于愚弱最可耻。

雀鼠临迫能返啮,

况有乞性奇男子。

我如果不说这是李父送李仪祉去上京师大学堂求学的临行赠言,你一定会以为是父亲送儿子上前线打仗的道别绝句。言犹未尽,再赋一首:

男儿立身戒自轻，

要知科第非功名。

英雄事业一念定，

再休入梦度浮生。

我们当然能理解李父是想以此激发儿子的爱国感情，实际上李仪祉也确实不负众望。他在京师大学堂期间发愤读书，寒暑不辍，虽新婚燕尔亦不留恋于儿女私情，五度春秋，一次也不曾回家探亲。

忽然又想起禹三过家门而不入的古事来，由此可见，先生早早就颇有大禹遗风。

留欧纪实

如果我们因此认为李仪祉先生是个迂腐不化、毫无生活情趣的人，或许并不符合事实。

《留欧纪实》是李仪祉早期在欧洲留学期间随手写的一篇小品文，并在当时的刊物上发表，我们不妨一起来看看先生正值青春年少时的一次艳遇轶事。

有一天，早晨起来，便是大雾，一路用小杖摸索而行。走到一个山脊上，云雾里忽然一片开朗，现出一个少女，赶一头驴子，都现出半身。我走的地方很多，遇见美色的女子也不少，而这次所遇的，我敢说这是绝色了。虽然昙花一现，能使我一生不忘。尤其是在这个地方，这种景色中，一现我前，真有神仙的态度。我感激此行，真值得千万次旅行，可惜我不会画，然而脑海所存的一幅画图，时时可以默探得的。这一天，差不多完全在雾里行走，我的脑子也常常想象这一个无名女子。忽然一个大屋当前,雾有点消,我也顿然清醒,原来到了一所简易旅社了。

要知道那时候国内还是清朝末年,我们脑海中霎时浮现出扎着大辫子的李仪祉先生猛然遇见域外美女春心萌动的模样,言语夸张甚至于"感激此行,真值得千万次旅行",更乐见先生遇到洋妞后痞痳思服、魂不守舍的窘状了。

　　在雪冠顶住了一宿,狂风怒吼了一夜,旅舍完全用木造的,我觉得板壁门窗都忽忽闪闪,摇晃不定,有点害怕,因此睡不稳。又回想到昨天遇见那回风景,自己想想,也觉得好笑:城中绮罗锦绣,声伎音乐,漠然远之,偏偏到这荒僻山中,赏识一个赶驴子的赤脚婢。可惜那女子一瞥而过,也不曾想到有一个异邦之人欣悦她哩。
　　总之,天地间事,便如是如是。有时夕阳将落的时候,云山缥缈间,放出霞光异彩,其美无比,然而刹那之间,夜色沉沉,一无所有,这不是同这个一样吗?人的灵魂,总是有深越固有的调谐(harmony)性,所以好好色,喜音乐,正是圣人所不免,不惟不免,且更较凡俗超越一等。我固凡庸,平时不接近女色,并且对于音乐是门外汉,然而天色天籁,偶尔寓目入耳,便终身不忘,回想起来,总觉如在目前,胡思乱想,倦不可支,也便沉沉入梦了。

行文如流水般滑润,中西合璧刚刚好,增之一分则太长,减之一分则太短。经历了一番抽丝剥茧、细致入微的思想斗争,先生终于为自己的艳遇与遐思,找出了"人性使然"的依据。还好有音乐,虽然也自称是门外汉,但"好好色,喜音乐,正是圣人所不免,不惟不免,且更较凡俗超越一等",如此想来,终可以心安理得地沉沉睡去。

遥想仪祉先生当年,恰青春年少,风华正茂,风流倜傥。但是在我等脑海里,怀揣左轮手枪和子弹毅然回国参战的陕北汉子形象总是挥之难去;不成想,若是到了夜深人静,竟也会有如此细腻丰富之情调。

若想过了这个美人关,看来即便是"圣人"君也颇为难。

水利万物而不争

我国兴办现代水利教育,肇始于李仪祉先生。

痛心于中华文明的沦落,民国时期的知识分子,对教育几乎都有一种宗教般的虔诚。

李仪祉在主政河海工程专门学校期间,聘请茅以升、竺可桢等知名学者讲学,并亲自教授多门课程。他注重引入欧美原版水利教材,又不拘泥于西学,结合中国的实际情况,还自己动手编写了中国最早的《水工学》《水力学》《潮汐论》等现代教科书。

先生授课时,标准的陕北普通话抑扬顿挫,加之其旁征博引,古今中外皆融入到看似枯燥的专业教学中,因此颇受学生欢迎,偌大的教室常常座无虚席。他在讲授水利知识时,不仅注重介绍国外的先进科学技术,而且重视教授历代治河名家的言论。他总能把古人的经验提炼出来,再融会现代水利科学知识,然后指导学生去思考如何把这些知识应用于中国具体的水利实践中。

中国人自古就有爱国的传统,而且愈是在国家情势动荡的时刻,爱国思想就愈是强烈,这种传统在中华民族的历史上也多次挽狂澜于既倒。而先生的爱国之情,或浓烈似火,或温情若水:浓情所至,则慨然投笔从戎,"我以我血荐轩辕";温情为怀,则谆谆教导学生"要做大事,不要做大官,一切事情要讲求实际,不要争虚名",如暖风习习,温润入心。

在列强的侵略下,蹒跚起步的民国非常贫弱,政府也十分堕落,可是,中华民族总有不少有血性有理想的爱国青年积极寻求救国救民之道。我们或许能理解先生为什么对水利如此一往情深了,正如其所言:"水可兴国,诚信然矣。"

孔子就认为,治理好一个国家,需要"足食,足兵,民信之矣"。

也就是说,你先要有足够的粮食使老百姓吃饱了,还要有足够的军事力量抵御外寇,再就是老百姓要对你这个政府有信心,所以粮食生产是非常重要的事情。而中国在旧社会,由于水利设施凋敝,加之饥荒、战乱、土匪蜂起,老百姓常常是吃不饱的。从那个时代过来的人,也常常饱尝寻求救国救民道路的迷茫和痛苦。

出于对于旧中国破败的水利事业的忧虑,李仪祉总是对学生说,"水利事业关系国计民生,至深至巨",情之深、意之切、心事之急迫,溢于言表:"诸君努力奋斗,抱人溺己溺之怀,一有所疑,必有所问,毋稍讳!"身教胜于言传,先生以实际行动传授学生奉献社会的理想,"学工程的青年,于求学时代,便应存一济民利物的志愿,日展其所学,便时时想到如何使可供一般人民受到我的益处"。

今日国家安定,学生们坐在设备齐全、四季舒适的教学大楼里,教学条件、生活条件与那时相比自是不可同日而语了,但潜心求学以报效国家、服务社会、造福民众的精神境界,在日渐丰裕的物质诱惑面前,自不可逐渐消磨直至殆尽。

李仪祉在河海工程专门学校的第一堂课上,就把自己的体会告诸学生,老子把水说得很平凡而伟大,"上善若水,水善利万物不争,处众人之所恶,故几于道",水滋养万物,无私奉献而不争名、争利、争地位,别人都不喜欢的地方它去,所以水是最接近古人所说的"道"了。

上善若水,水利万物不争。因其至善,万物亦莫能与之争。

（清）焦秉贞《孔子圣迹图》，绢本设色，29 厘米×35 厘米，现藏于美国圣路易斯美术馆。

《论语·颜渊》子贡问政。子曰："足食，足兵，民信之矣。"子贡曰："必不得已而去，于斯三者何先?"曰："去兵。"子贡曰："必不得已而去，于斯二者何先?"曰："去食。"

自古皆有死，民无信不立。

这不正是先生高风亮节的写照吗?

古为今用，洋为中用

我们今天看民国时期的知识分子，会发现他们举手投足之间，有一种叫作"风范"的东西。因为幼年时私塾教学，受到古老东方文明的熏陶；及至壮年，又饱读西方经典，以探索救国救民的道路，他们的那种历练和成熟，是今人难以企及的。

五四时期，民主与科学成为新文化运动两大主题，那一时期的学者也言必称德先生、赛先生。当时整个社会对于科学方法、科学精神乃至历史上科学家的命运无不予以极大的关注,人们开始反思中国社会自明清以来逐渐落后于世界发展潮流的根源,正式开始了科学救国道路的探索。

李仪祉赴欧留学的年代,正是欧洲现代水利发展的黄金时期。从莱茵河到多瑙河,大江大河得到治理,洪水得到控制,灌溉事业发展,围海造田,疏浚航道,极大地推动了欧洲各国的经济发展,更是与中国的贫穷落后形成鲜明对照,对李仪祉产生了极大的震动。

在留学欧洲时期,欧美国家水利科技特别是在水工试验方面的研究已经十分成熟,李仪祉颇知"以科学从事河工之必要"。

对于中国传统的科学技术所存在的问题,他也毫不讳言。他认为中国古代科学技术从内容上看大多囿于经验的总结,还处于对自然界各种现象的描述阶段,对于事物感性的认识实际上并不能代替理论的探索,而西方近代科技因为把科学试验与逻辑推理结合起来,极大地推动了学科理论的发展。他曾多次著述谈及中国古代治水经验"测验之术未精,治导之原理不明,是以耗多而功鲜,幸成而卒败"。

实际上,古代治河技术的不足之外,恰恰是西方现代水利科技的优势所在。

西方学者开始关注黄河的泥沙问题正是从这一时期开始的。其中具有代表性的人物有美国的费礼门(Tohn Ripley Freemen),德国的恩格斯(H.Engles)和方修斯(O.Franzius),他们通过实地考察和实验研究,发表了不少著述。费礼门在查勘黄河时,曾取水样及河滩土样数百份带回美国进行物理化学性质试验,这也是有记载的首次从微观层面对黄河泥沙特性开展的研究。

当时黄河治理的科学问题关注焦点是如何通过改善黄河主河槽,以适应复杂变化的水沙运动规律。几位学者的学术观点大相径庭,提出的治河措施各不相同,有很多观点与中国古代传统治河实践的认识存在很大的差异。

李仪祉从东西方治河观点的碰撞中得到启发,也形成了他早期的黄河治理方法论:在重视中国丰富的传统治水经验的同时,还要注重吸收现代科技之长,通过先进的模型试验技术,找出古人治理经验中存在的问题,以科学的态度分析问题、解决问题。

古今中外治河思路对比

(一)中国 潘季驯(明朝)

历代黄河治理方法,虽纷繁复杂,但无外乎堤、疏二字。

所谓"堤",则是通过修筑堤防、缩窄河道,利用洪水时期的大流速冲刷河床以降低洪水位,同时挟带大量泥沙入海,减缓河道的淤积抬升,进而减轻防洪压力。

所谓"疏",则是采用较宽的堤距,或者多股河道分流、并行,"分杀水势",以减轻大洪水时期势大力猛的洪流对堤防的破坏。

潘季驯是治河思路是"束水攻沙",实际上就是属于"堤"的范畴。

他认识到,"水分则势缓,势缓则沙停,沙停则河饱",因此认为,"河之性宜合不宜分,宜急不宜缓"。由于黄河下游来水来沙各有差异,本来弯曲的河道又不断变化,这才导致黄河下游防洪困难。他针对这种特点,建议大量采用护滩工程,并把堤防工程分为遥堤、缕堤、格堤、月堤四种,因地制宜地在黄河两岸周密布置,配合运用实施其"束水攻沙"的构想。

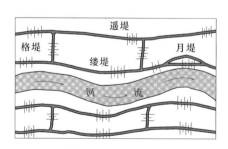

潘季驯设想的堤防布置示意图(引自《黄河水利史述要》)

遥堤是离河道最远的堤，主要用于防御大洪水的满溢，"伏秋暴涨之时，难保水不至堤，然出岸之水必浅，既远且浅，其势必缓，缓则自易保也"；缕堤则是离河最近的堤，主要用以归顺中小洪水的主流，增强水流的挟沙能力；月堤分布在河弯等主流集中处，用作缕堤的第二道保障；格堤用于阻拦漫滩水流在滩地横冲直撞的水势，并有缓流落淤之功效。

这种思想的形成也经历了不断完善的过程，最初主要依靠缕堤束水攻沙。

但是，"缕堤逼近河滨，束水太急，每遇伏秋，辄被冲决"，安全难以保证。因此，在其治河后期，在某些堤段如"自古城至清河"，"亦应创筑遥堤一道，不必再议缕堤，徒糜财力"，而是由缕堤束水攻沙，转变为依靠遥堤"束水归槽"，归槽后再实现攻沙的目标。由于缕堤位于滩地外缘，除原设计有担任束水攻沙的任务外，还有保护滩地和整治河道的作用。

今日黄河下游河道的堤防，遥堤自然就相当于黄河大堤，而缕堤则相当于今日的黄河弯道处的控导工程；上下控导工程之间的空档，原本也应该是修有缕堤，但现在多被老百姓自发修筑的生产堤所替代。

在潘季驯第四次出任总理河道时，"束水攻沙"的技法已经达到炉火纯青的地步，并且他也满是自信，"治河之法别无奇谋秘计，全在束水归槽，堤能束水归槽，水从下刷，则河深可容"。

潘季驯的高明之处，在于虽然采用"堤"的方法来解决黄河的防洪问题，而在应对超大洪水时，他还是借鉴了"疏"的思路。比如说，他建议黄河的堤防不要一修就是几十里连续的长堤，而是要每隔一段就要为大洪水留出分滞空间。这实际上就在坚持"堤"的原则基础上，又灵活采用了"疏"的方法。

既然不是修几十里连续的长堤，那也就是说堤防每隔十数里或

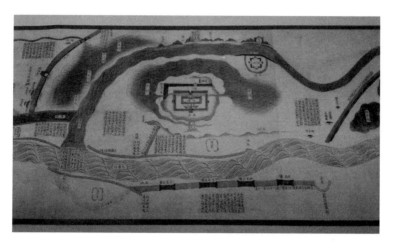

潘季驯著《河防一览》一书中的黄河堤防布设图,现藏于中国国家博物馆。

者数里便留有间隔,看到这里,大家是否觉得这样的治黄思路似曾相识呢?

没错,潘季驯实际上也借鉴了东汉时期王景的治河思路。

即所谓的"十里立一口门",即每隔十里就给洪水留出一个宣泄的空间。我们不得不佩服古人善于学习、善于总结并融会贯通地应用前人各种经验教训的精神,或许这也正是全世界范围内只有黄河流域文明从未断代的一个重要原因吧。

后人在惊叹于潘季驯绝妙构思之余,往往也会由衷地说一句,"非其能也,善泥古矣",以稍稍宽慰己之不能。

潘季驯治河期间,在他的主持下,全面修整完善了郑州以下黄河两岸堤防,河道基本趋于稳定,几乎没有发生过河患,治绩卓著于明清。他的"束水攻沙"治河方略为后来者所推崇,不绝于书,但总感觉后人只虚得其表而不得要领,到今日几有失传之虞。

(二)美国　费礼门

费礼门最早于民国八年(1919)到中国考察黄河。他的治河方略主旨是"使黄河流行于狭河道中",具体办法是在原有旧大堤之内"另筑直线新堤,在此新旧二堤之中,存留空地,任洪水溢入,俾可沉淀淤高,可资将来之屏障。如遇特别之洪涨,并于新堤与河槽之间建筑丁坝,以防新堤之崩溃"。费礼门建议,两岸新堤的间距为 800 米,在丁坝控制下的河槽不应超过 550 米。

(三)德国　恩格斯

恩格斯先生的出名,是因为他创建了世界上第一个河道模型,也就是将天然河道按照一定比例进行缩小,用于研究解决生产中遇到的一些问题。当然,他有一套自己的理论。

恩格斯的治河思路是著名的"固定中水河槽"。

所谓"中水",是指在黄河上发生频率较高的中常洪水,也是影响黄河下游河道形态的主要因素。

他在《制驭黄河论》中指出:"按黄河之病,不在堤距之过宽,而在缺乏固定之中水位河槽,故河流于内堤之间可任意屈曲,迁徙莫定,害乃生焉。河流迁徙无常,即易荒废,故押转力(挟带泥沙的能力)弱,砂砾淤积,河床垫高,或河湾屈曲愈锐,日近堤防,冲刷堤基,洪水一至,则崩溃堪虞。"

对于如何治理,他有理有据地提出了自己的想法。

"治理之道,宜于内堤之间固定中水位河槽之岸。河湾过曲,则裁之取直,河流分歧,则塞支强干。其利有二:一为中水河槽之溪线(深泓线)可固定不移;二为河流之力刷深河床,不至展于过宽。而河床之垫高,固不可避免,河湾亦不至近堤矣。且辽阔之滩地亦可保存无恙。当洪水大涨之时,水溢出槽,可淤积沃壤,日渐增高,即中水河槽,日益加深,冲刷力可将因此增大。"

恩格斯的基本思路就是在现行宽河道的基础上建立一个比较稳定的中水河槽,在两岸大堤之间形成滩、槽分明的复式河道,发生普通洪水时把河流限制在主河槽之内,大涨时两岸滩地漫水落淤。这样使得滩地慢慢淤高,河槽随之变深,整个河道也就慢慢稳定下来。

恩格斯的思路类似于德国莱茵河中水河槽治理方案

（四）德国 方修斯

方修斯是恩格斯的学生，但他对其老师的观点并不苟同，反倒是倾向于美国人费礼门的意见。他认为虽然黄河河道过宽是全部问题的关键，但费礼门的主张在实施上十分困难，因此他主张在现有黄河大堤之内新筑一条直而窄的河堤，不必高，也不必坚固，倘若洪水超过了一定限度，则可任其漫溢于新旧堤之间，使之逐渐淤高，经过十年左右，河槽便可被大幅刷深。待新旧堤之间的大片滩地形成后，即使最大的洪水，也不会超过新堤堤顶，黄河的问题也就解决了。所以他说："我们对于治理黄河之主要目标，应作如下之要求，即：洪水河床经过改善以后，在尽可能短之岁月，使洪水位有显著之降落，且须降落至某种程度，使最大洪水不复有漫溢堤旁高地之可能。至于使洪水位降落之唯一方法，实为借黄河本身之力，自行刷深其河底。"

其实，费礼门、方修斯与恩格斯的根本分歧就在于：黄河为患的根本原因是河道太宽，还是因为其无固定的中水河槽。与之相对应的治理方式也就有二：一是人为束窄河道，借助水流的集中冲刷，形成稳定的主河道；二是仍然维持宽河道，但通过淤高滩地的方法形成

方修斯则在德国汉诺威大学的水工试验室

稳定的中水主河槽。

虽然都不能说服对方,但他们都同意让李仪祉先生来裁决。[1]

(五)中国 李仪祉(民国)

在上世纪30年代,国民政府的"最高学术研究机关"——"中央研究院"成立,蔡元培是首任院长,李仪祉与胡适、傅斯年等人同为首届评议员,全国也只有三十余人,由此也可见当时他在国内学术界的地位。1931年,中国水利工程师学会在南京成立,李仪祉兼任会长,茅以升、张含英等人担任执行干事。

外国专家对于黄河问题的争论不可开交,李仪祉在学术界的声望虽然有助于解决这个长久以来困惑中西方学者的难题,但鉴于国内还没有可用于水工试验的大型试验室,当时的国民政府建议争论双方分别进行大尺度的黄河模型试验,用实践来回答这个问题。

---

① 贾政著:《潘季驯评传》,南京大学出版社,2011年,页360。

　　在他的协调下,恩格斯分别于 1932 和 1933 年在德国奥贝那赫水工实验室开展了两次关于缩窄堤距的黄河试验,方修斯则在德国汉诺威大学的水工试验场同步做了关于黄河问题的有关模型试验。中国工程师全程参与实验工作,分别开展束窄堤距的清水实验、不同堤距的浑水实验等。

　　这也是中国参与的最早期的浑水动床模型试验项目。这些试验项目有一个特殊的意义,就是通过现代观测设备及模型试验技术的应用,开创了对传统治黄基本理论进行定量分析的先河。

　　有趣的是,在这场科学论战中,潘季驯的治河思想再次引起中外水利专家们的共同关注,虽然外国专家的观点各不相同,但他们都认为自己的观点和潘季驯的看法相吻合。

　　譬如,当方修斯的观点提出来之后,他马上自称其治河主张与四百年前中国河官潘季驯的观点非常相似;而恩格斯不但认为自己已经完全清楚模拟了潘季驯水沙分输的机理,更是为潘氏的古老治河论所蕴含的现代科学思想所折服,认为"潘氏分清遥堤之用为防溃,而缕堤之用为束水,为治导河流的一种绝妙思路"。这种殊途同归的

李仪社会见外国水利工程专家(1935 年)

李仪祉在天津创建了我国第一个水工试验所(1935年)

现象也令外国同行十分惊讶。

面对纷繁复杂的学术争论,李仪祉虽是仲裁者,但既不"以王景、贾让、潘季驯、靳辅之功自限",也不盲目崇外,认为"时至今日,科艺猛进,远非昔比",而是"用古人之经验,本科学之新识,加以实地之考察,精确之研究,详审之试验,多数之努力,伟大之机械",审慎地提出自己的学术观点。

他通过实践,结合对中国历代治河人物的认知,并参照对西方模型试验结果的分析,实际上同意了恩格斯建议的单式河槽治理方案:"因为洪水流量太大,单式河槽不能容纳,使之向外发展。单式洪床上的横断面,常常因之太浅,或者崎岖不平的缘故,失掉排泄的能力,不过做了临时停蓄之地。尤其是黄河,含有大量泥沙,使它的力量不能集中,将一起的泥沙,借洪水的力量输入海,是很可惜的。故著者也是主张使黄河横断面逐渐演变为单式为优。"

至于固定河槽的流量标准,他则不同意恩格斯建议的"中水"标准。他主张以常至之洪水处于本槽,即所欲固定之河槽,因为这样的洪水不至为下游所害,而且有冲刷能力。据其研究所得,估定本槽之流量为6500立方米每秒。固定河槽的流量标准既定,然后"再按各处洪水面、比降及洪水糙率,计算出标准断面形式,得出标准河幅宽度。则在此河幅宽度内,要河刷深,至于标准断面相符为止。标准宽对之外,要使河滩地逐渐长高"。最终使之逐渐变为单式河槽,而且将超过的流量节蓄于水库之中。

实际上,由于黄河的情况太复杂了,费礼门、恩格斯等人曾多次表达了对黄河治理决策的谨慎态度,也曾经在给当时国民政府官员沈怡的信中表示,"解决黄河问题,需要长久之分析与大力之研究,而不宜立即拟出计划实行之"。

恩格斯先生在弥留之际,仍念念不忘黄河,他告诉家人:"我此生最欣慰之事,乃从事了黄河的研究工作。你们不知道,这是世界上最复杂的河流。"

我们今天从历史的经验来看,黄河的治理方略也确实需要根据实时、实地、实际情况相机行事且审慎处之,堤、疏二策均不可偏废,所谓不审时度势,则宽严皆误,后代治河需深思。

1933 年大洪水实录

1933 年 4 月,李仪祉奉命筹设黄河水利委员会,并出任第一任委员长。也是在这一年的 8 月,黄河下游发生了特大洪水。此次洪水造成黄河下游五十余处决口,淹没冀、鲁、豫三省六十余县,灾民达三百多万人。[1]

吕琴轩(94 岁):那一年下雨特别多,秋雨连绵,几乎天天下。连暴雨带小雨,反正是不断头地下。

张汝翼(《黄河志》编辑):长垣县有个土匪,带了人去攻打一个村

---

[1]　参考《一九三三年黄河大水纪录片》。

子,那个村里有不少枪,打了半天打不下来,土匪就恼了,就说扒(黄河)一个口,灌那个村。

吕琴轩:土匪很多啊,又有枪,老百姓谁也不敢挡,就不敢见人。他(土匪)在堤口上一扒,(看到)水一过来,他不管了。

1933年黄河大洪水资料图

当时的国民政府听说有堤防决口了,就派河兵来抢险,全村老百姓也都参加。

张国先(86岁):我那时候才十几岁,那时候白天黑夜地看着堤,不叫下堤。眼看着一个地方一个地方地淹,那瓢泼大雨一个劲地下。

由于黄河下游河道长数百公里,洪水传播需要时间,当时洪峰还在陕县,还没有到长垣,到8月9号的时候,洪峰就过来了。

吕琴轩:河里的水就像开了锅一样,使劲地往上翻腾。快嘛,你想那水是自那一开口,居高临下来的,它咋不快啊!那水的浪头都多高。

张国先:这外头呢,老百姓农民就是拿着铁锨、箩斗筐在那里堵。堵着堵着堵不及了,水起来了,人(转身)就跑。

《长垣县志》记载:"两岸水深皆至丈余,洪流所经,万派奔腾。卢舍倒塌,牲畜漂没,人民多半淹毙,财产悉付渡臣。"

陈维达:很多村庄的树,洪水过后就只剩一个尖了。后来灾民回来的时候,有的就是凭着这个树梢才看出来自己的村在哪里。

吕琴轩:老百姓当时淹死不少,东西都是一水漂尽了。那个水都是一丈多深,哪个人能在哪里啊? 只有(有人)上到树上,当时一棵树上爬了六十多个人。

洪水过后,幸存的人同样面临死亡的威胁。

张汝翼:那粮食都泡了水了,没法吃了,只能等着救灾,还有就是吃草根、树皮。草根、树皮有时候都吃光了。

当时的《申报》月刊标题——"百里不见炊烟起,唯有黄沙扑空城",就是当时灾区的真实写照。

这次洪水,导致6省65县受灾,受灾人口300多万,伤亡近2万人,损失银元2.3亿元。

洪灾救济彩票

毁灭性的打击让当时的南京政府无力应对。9月1日,国民政府成立了黄河水利救济委员会,开始赈灾。孔祥熙的同族弟弟孔祥榕任会长,兼任赈灾组组长。当时的救济委员会在上海组织游园会、发行赈灾彩票,用于救灾。

吕琴轩:那时候不过城里头有这个,那个县政府组织个米饭场,每天用这个大锅熬这个饭,领两顿,早起一顿,晌午一顿。

由于当时有黄河水利委员会和黄河水利救济委员会两个机构,赈灾和堵口事宜由黄河水利救济委员会负责，而下游河防则由地方政府主管。在这种情况下，黄河水利委员会实际上只能从事科学治河的前期工作。

也就是在此期间，作为黄河水利委员会委员长的李仪祉虽无实权，却一直忙碌在抢险救灾的第一线。除此之外，由于目睹了黄河洪水重大灾害的惨状，他开始反思中国治黄的根本问题，并构思未来中国的黄河治理方略。这一时期，他先后编写了《关于导治黄河之意见》《研究黄河流域泥沙工作计划》《黄河流域之水库问题》《纵论河患》等数十篇报告和论著。

今天我们说李仪祉对黄河的贡献，首先要提的应该是他规划并实施了对黄河水文的现代测量。洪灾过后，他开始对黄河水文测站的布设提出了具体规划地点，设有水文站、水标站、气象站二十余处；并于1933年底在开封组建了黄河历史上第一支水文测量队。也正是在对黄河系统观测的基础上，他开始制定黄河治理方略和工作计划。

黄河防洪的心腹之患在于泥沙，他通过系统的调查研究，提出解决泥沙问题的途径——必须要上、中、下游统一治理，而且首次提出治黄重点应放在西北黄土高原。他还主张在田间、溪沟、河谷中截留水沙，并提倡治理黄河与发展当地的农、林、牧、副业生产相结合。这也应该是中国最早运用系统思维的方式进行生态治沙、治水的论述了。

对于事关全局的防洪安全问题，他筹划三条出路：一是疏浚下游河槽，二是修建支流拦洪库，三是开辟减水河。

有一次和从事黄河管理工作的朋友们座谈，谈及先生说过的这些话，大家总会感觉那么熟悉，因为当时他所说的，几乎完全是今天我们所正在做的。

他的规划还未及实施，1935年冬，孔祥榕又兼任了黄河水利委员会副委员长一职。孔祥榕是曲阜人，也是孔子七十五代孙，受家传的影响颇深。在1933年大洪水期间，每次堵口，都在工地设立临时大王

民国时期黄河流域野外地形观测

庙,敬奉大王与将军,贯台堵口时,他还亲迎虎头将军。对于这种治河裁决于占卜,防洪求助于"金龙四大王"的做法,李仪祉很是不满。

他曾发文直陈时弊:"然历来施于河之治功多矣,迄无成效者何耶?筑堤无学理之研究,守护无完善之方法,官吏无奉公之才德耳。欲根本图治,一要施科学的研究,二当改变其河务组织,洗清积弊,力谋更新始可。"

他的耿直一生不曾改变,不过偶尔也很风趣。在一次和朋友吃饭的时候就说:"以孔理财,以孔治水,水和财都要从那个孔里流出去。"他自觉不能和孔祥榕合作共事,后来便辞职回到老家陕西。在杨虎城主政陕西期间,他任建设厅厅长。

关中往事

陕西关中地区自古就是黄河流域的粮仓。泾河位于关中之中,是黄河的一条支流,历史上就有引泾水灌溉的传统。公元前246年战国时期郑国渠、汉代白渠几乎成了中国古代灌溉水利的标志,自古就有"郑白之沃,衣食之源"的说法。

　　李仪祉筹划建成的泾惠渠工程早在 1932 年就建成通水。他回陕西任建设厅厅长期间,又完成了二期工程,灌溉面积也扩大到 65 万亩。他难掩兴奋之情,给杨虎城去信说:"泾惠渠由公手而成,亦复有意再成洛惠渠乎?"杨虎城钦佩先生的行事风格,也十分支持兴修水利,在那期间,规模宏大的"关中八惠"灌溉工程全面建成。有一件小事就可以看出他对所做的事情是如何全身心地投入。在渭惠渠拦河大坝南山坝的合龙工程期间,他就手书"土坝"二字贴在卧室,用这种方式提醒自己每天关注渭惠渠的打坝情况。

　　泾惠渠修建前,陕西遭大旱,近 200 万灾民饿死。农民大都四处逃散,甚至出走时把屋里能卖的全卖掉。李仪祉的一位学生曾在日记中记录了当时渠水开通之后的情形,形成鲜明对比:"(1935 年)农民连续两年获得大丰收,灌区之内情况大变,到处人民熙熙攘攘,喜气洋洋,无论男女老幼都穿上新衣服。集市百货充斥尤为热闹,最触目的为染坊晒布的木架耸入云,像旗帜那样飘扬着各种颜色的土布。农家屋房均已修饰一新,找不出旧时破烂痕迹。水利建设效益的宏大,我非亲眼所见也不敢相信的。"

　　正如杨虎城将军在《泾惠渠颂并序》所记:

> 民享乐利,实泾之惠,肇始嘉名,流芳百世。洛渭继起,八惠待兴,关中膏沃,资始于泾。秦人望云,而今始遂。年书大有,麦结两穗。忆昔秦人,谋食四方。今各归里,邑无流亡,忆昔士女,饥寒交迫,今渐庶富,有布有麦。

　　泾惠渠修成后,李仪祉明确宣布有劣迹的人、特别是官家子弟不能参与管理,有人请地方有头有脸的人物为之说情,先生则不论来人职位高低,一概拒之,并做如是说:

> 我不能一生一世做官,但我却要一生一世做人。我不能为了做官,而忘了做人的义务;我不能为了自己的利益,而忘了大众的利益。

在水利施工中,李仪祉虽经手大量经费,但连办公用的稿纸也不准家中孩子使用,声明要用就得买。李仪祉生性简朴,省钱做实事是其一贯原则。在修泾惠渠期间,一次武汉行营主任何成浚来陕公办,杨虎城就派了政府的几位高官隆重接待,其中就有李仪祉。虽然他很敬重杨虎城,但是却见不得官员大吃大喝、挥霍公款。这一次,当着杨虎城的面也毫不留情:"现在整个国家陷于民穷财困之中,外寇欺凌,陕西今年又是荒年,而西安的军政人员却花天酒地!"当杨虎城解释是在接待何主任时,李仪祉更是怒从心中来,毫不避讳地当面骂道:"什么何主任!都是些混账王八蛋!"

视堂皇官帽若敝屣,怜民众艰辛如己出,此情此景,何其熟悉。侠义李公,再无现矣。

先生与穷苦百姓间的感情是真挚而淳朴的。在修泾惠渠期间,有一天他正在办公室看书,眼见厨师揪着一个衣衫褴褛的年轻人进来,口里嚷着要"送官",请李仪祉先捉住,自己去找绳子。在厨师找绳子之际,李仪祉便问对方发生了什么事,方得知那人是从河南逃荒过来,实在太饿了,偷吃了厨房的东西。他便趁厨师还没出来,赶紧让他离开了,顺便还把兜里的零钱给了他。

还有一事。泾惠渠修好后,听说有人偷偷种大烟,他并非交官查办,而是携村民之手言辞恳切地说:"若果有因水利而种洋烟,比用钢刀戳了我的心还要厉害。"言之切切,感人肺腑。自此以后,在泾惠渠沿岸,再无一起偷种鸦片的事情发生。

抗战，抗战！

1937 年 7 月 7 日，"卢沟桥事变"爆发。

沿黄两岸民众还没有从 1933 年大洪水的梦魇中走出来，日本人的幽灵又开始在中国大地上游荡。

忧国爱民向来是李仪祉先生的情怀，他积极参加抗日救亡活动，并直言："救危定难，自愧无方，爱国悯人，亦何能后！"在陕西加入抗敌后援会后，他任抗日募捐队长，多方筹集抗日活动经费并赈济难民。同时，他还带头拿出自己荣获的金质奖章和多年积蓄，而且家中经常寄养着从沦陷区逃过来的难民。

为了抗战，他给一些相识的学术界国际友人写信，争取他们对中国抗战活动的支持，并为报刊撰写抗日救国文章，激励国民抗日，揭露日本人所谓"善邻友好"的阴谋，直陈"日本之所以侵略中国，是要占领中国领土，掠夺中国的物产，奴役中国人士"。面对时下即将亡国的消极言论，他不停疾呼，教诲全民，"吾不信四万万五千万之民族，即烟消之灭于地球之上"，言辞恳切，执于地，作金石声！

1938 年 3 月 8 日，李仪祉积劳成疾，因病去世。据冯玉祥将军在《我的抗战生活》回忆，先生临终前，曾对他嘱咐说要用西式的礼节简易殡葬，并捐赠遗体用于医学科学研究。

滴水之恩，当涌泉相报；一渠清流，浸润几多民心。不要埋怨陕北的乡亲们未能遵照完成他最后的心愿，下葬当日，上万民众静静聚集在泾惠渠两岸，为其送行。淳朴的老农脱下自己的棉衣，包上岸边的泥土，堆放在他的身边，久久不愿起身。太行垂首，泾渠呜咽，一场不期而至的春雪洒满先生蹒跚走过的每一寸三秦大地。

他自言死不足惜，无奈国仇家恨未消，黄河危局前途未卜，他虽

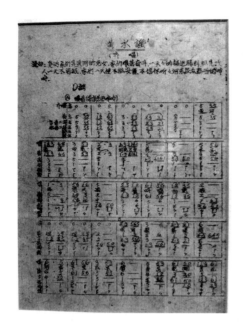

1939 年冼星海作曲的《黄河大合唱》，现藏于中国国家博物馆。

旁白：是的，我们是黄河的儿女，我们艰苦奋斗，一天天的接近胜利，但是敌人一天不消灭，我们一天便不能安身，不信你听听河东民众痛苦的呻吟。

死亦不能瞑目。

国难当头，先生如何能瞑目？

在他去世后仅三个月，就突发国军炸开黄河大堤事件。

1938 年 6 月，号称精锐之师的国民党"中央军"15 万人在郑州、开封一带集结，欲在陇海铁路线附近围歼孤军深入的土肥原师团，因为对方仅仅有 2 万人，战区司令程潜战前说"就是吃也能把土肥原吃掉"。结果恰恰相反，国军被土肥原师团打得溃不成军，整个中央军差点被别人围歼。蒋先生事后曾汗颜道，"真是战争史上一千古笑柄"。

日军步步紧逼，为阻止其西进占领武汉，国民政府密令在河南郑州、开封一带扒决黄河大堤，以水代兵。

1938 年 6 月 9 日，郑州，晴。

黄河在郑州花园口决口后，湍急的河水顺着贾鲁河迅速下泄。第二天，黄河中上游普降暴雨，黄河水量猛增，决口不断拓宽，同时在其下游 40 公里的赵口也被大水冲开。赵口和花园口两股水流汇合后,沿着贾鲁河开始大量外溢,奔腾直泄400多公里,酿成重大事件。

根据韩启桐、南钟万于1948年出版印行的《黄泛区的损害与善后救济》提供的数字,从花园口决堤到1947年堵口,九年间黄泛区河南、江苏、山东三省因黄泛而死亡的人口分别为32万、16万和40万左右。

我们不妨从一个日本士兵的角度来看一下这次决口后的实际情景。东史郎是当时侵入豫东的日军第16师团第20联队上等兵。在他出版的《东史郎日记》中记载,一天早上,他刚支上锅准备吃早饭,军队中便传来了"敌人炸毁了黄河堤坝,大队及时疏散"的命令,士兵们紧急转移,刚跑出没多远,便发现湍急的黄河水滚滚而来,瞬间就冲走了一个村庄。

在此后十几天的日记中,东史郎详细记载了日军和后勤部队失去联络、给养断绝、被中国军队紧追不舍的情形。惊魂未定的东史郎和其他士兵们登上火车,一路退到了安徽境内。

花园口决口,虽然为国民政府争取了喘息时间,但终究没有改变武汉沦陷的命运。1938年10月,也就是黄河改道后的第四个月,武汉失守。

关于花园口决口及后来的多次堵复过程,有大量的影像资料。每当看到照片里面身形羸弱的孩童、衣不蔽体的妇人,看到本应顶天立地的男儿却是木讷无光的表情,即便是在七十年后的今天,心里依然就像被什么东西揪着一样,久久难以平静。

奥利弗·托德是花园口堵复工程的美方顾问,从他的眼神,我们依稀看到了中国人受到的屈辱和苦难,是无奈还是同情,是可恨还是可悲,值得国人细细品味、思考。

或许这些已经不重要了,历史终究已经过去,只是希望这样的历史再也不要重来。

花园口大堤决口场景

灾民救济之一

灾民救济之二

灾民救济之三

花园口堵复工程现场

美方顾问托德(Oliver J. Todd),1946

(摄影:佚名)

第八章
令人不安的平静

　　一纸翻过民国黄河沉重的历史,新中国建立,黄河迎来了中国近代历史上少有的稳定时期。建国六十余年来,岁岁安澜,不仅如此,供水、灌溉、发电、生态效应不断提升,甚至黄河的沙量也由过去的每年的 16 亿吨逐渐减少到近年的 2 亿多吨,河床淤积抬升速度也明显变缓。在经济发展强劲、社会事业进步、国泰民安的大背景下,不由让人想起"黄河清、圣人出"的古训。

　　成就固然辉煌,问题亦还不算少,更何况,中国自古以来就有居安思危、未雨绸缪的传统。六十余年光阴对于业已存在两百万年的黄河来说,实在如白驹过隙。在总结过往治河经验教训的同时,审视现实,并前瞻未来黄河可能遇到的问题,以资前行,亦不为过。

善战者无赫赫之功

　　新中国成立以后,黄河仍然是沿着清 1855 年铜瓦厢决口后夺大清河(即古济水)后形成的河道行进的。铜瓦厢决口,知名于时,也有人称之为黄河史上第六次大改道，以顺应清人胡渭之说。我们在分析近代黄河史的时候，很容易就可以将其分成两个时期。

一是清末到民国时期。

自清末咸丰年间（1855）黄河在铜瓦厢改道伊始，维持三百余年的明清河道，由南泛入淮改为北流入渤海，初期基本呈漫流状况，因为两岸几无防护，这一段时间黄河决溢可谓此起彼伏，是较为严重的灾害期。而清末至新中国成立，天灾又加之人祸，河患更是不断。其中1938年花园口决口造成黄河向东南泛滥于贾鲁河、颍河和涡河之间，受灾面积达5万平方公里，死伤89万人，所致灾害之严重，为史上所罕见。

二是新中国成立以来的时期。

自新中国成立以来六十余年，黄河岁岁安澜，不但没有发生改道，几乎连一次决溢也没有发生。1949年前后，黄河发生这么大的变化，即便是最怀有偏见的批评者也会对中国政府在黄河治理上的卓有成效表示敬意。

如果仅仅从表面现象看，现在每到汛期，好像很少见到像历朝历代一样疲于奔命地到处抢险的景象，而且黄河也仿佛无事般地波澜不惊，安然无恙，不仅如此，新中国成立后沿黄大量建设水库，还为城市提供了清洁的饮用水和源源不断的电力，数百个引黄灌渠保障了沿黄数千万亩的高产田，黄河治理颇有些无为而治的味道。

善战者无赫赫之功。实际上，在看似风平浪静的背后，是国家在防洪安全上的建设性思路以及在黄河治理开发上的重大投入。

新中国成立以来，应对黄河发生大洪水的整体思路就是"上拦下排、两岸分滞"。"上拦"，是根据黄河洪水陡涨陡落的特点，在中游干流修建大型水库，以削减洪峰；"下排"，即充分利用河道排洪入海；"两岸分滞"，即在必要时利用滞洪区分滞洪水。

今天我们说应对大洪水的措施，虽然随着现代科技的发展而有所创新,但总体上仍然是沿袭了历代先贤的思路。

"下排"自不必说,禹便是排洪入海第一人。

"上拦"主要是指在上游修建大型水库蓄洪。虽然过去不可能在河道上用钢筋混凝土修筑高库大坝,但是,历朝历代常常利用巨大的水体来调蓄洪水。如禹河故道所经过的大陆泽、东汉王景河道所经过的大野泽,以及明万历年间潘季

新中国成立后第一期
《新黄河》期刊

驯筑高家堰,以使洪泽湖水位达到虚高,在当时都属于体量巨大的调蓄水库。

至于在两岸设立滞洪区的思路,早在西汉时期就已经形成。西汉贾让最早提出在黄河下游设立滞洪区的思想,他主张在河旁低洼地区筑堤做"水猥",作为秋水"休息"的地方。公元4年,长水校尉关并针对黄河在平原和东郡(今濮阳)决溢较多的特点,划出地形低洼,土松质差的田地为"水猥",水大时放入,然后逐渐流出,虽然时有变动,但大致都在这一区域。他甚至还建议空出今河南滑县、濮阳一带南北180里长的大范围"水猥"用于滞洪,如果当时实施了的话,大致相当于今天黄河下游北金堤滞洪区的面积。

既然思路都差不多,为什么今天能取得那么大的成绩呢? 原因就是我们前面所说的,国家财政的巨大投入。

甲　不断加高的标准化堤防

新中国成立以来,黄河大堤已连续加高四次,据水利部门统计,土方量相当于修筑了十五座万里长城,由此可见投入了何其巨大的财政力量。现在的黄河下游堤防规划是按照每年10厘米加高的标准

黄河下游标准化堤防（摄影：李岩侠 张春利）

设计的，比如我们今天站在黄河大堤的某一点，与建国初期的地势相比已经高出了 6 米。而再过六十年，还要再加高 6 米，与新中国成立之初相比，差不多就是 4 层楼的高度了，而且整个下游河道两岸临黄堤防的长度是 1500 公里，都需要同步加高。

新中国成立后，黄河水利委员会第一任主任王化云曾经这样说过，"过去黄河总决口，并不是洪水太大，而是堤防太弱"，由此可见，高标准的堤防建设起到了至关重要的作用。

乙　水库群的兴建

新中国成立以来，从青海龙羊峡到河南小浪底，修建水库 18 座，巨大的水库库容发挥了良好的防洪、减淤作用。黄河中游干流水库建设的构想最早是由民国时期的李仪祉先生提出的，1935 他曾和来自挪威的水利工程师安立森（S.Elisson）经实地考察，发表了三门峡、八里胡同和小浪底三个坝址的勘查报告。

（一）三门峡水库

民国时期，李仪祉先生在其三门峡水库查勘报告中，考虑到高坝对关中地区淹没的影响，建议采用低坝方案；时任黄河水利委员会总

2003年渭河洪水灾情新闻图片(摄影:佚名)

工程师的张含英也明确提出"库之回水影响,不宜使潼关水位增高"。

新中国成立后,经包括苏联专家在内的研究人员多方反复论证,最终采用了106米的高坝方案,并于1960年建成蓄水。

一粒粒微不足道的泥沙或许不足以引起重视,但是,当黄河洪水挟裹巨量泥沙滚滚而来时,你就会惊诧于它的狰狞。三门峡水库建成运行后的前三年,接连遭遇高含沙洪水,到1964年底时,整个库区淤积泥沙38亿立方米,几乎占了水库设计库容的60%。水库本身的淤积应该还是属于预料之中的事,问题是当时低估了水库库尾的淤高对其上游支流渭河的影响,由于在渭河入黄口形成了拦门沙坎,渭河水位迅速抬升,导致渭河两岸农田大量淹没,关中城市群防洪压力陡升。

三门峡水库建成后大力拦沙,的确是为下游河道防洪安全兴利,而由此带来的不利影响却是由上游的陕西承担,这样就造成陕西、河南两地长久以来关于三门峡存废的争论,直到今天仍未停止。这个争论激烈到什么程度呢? 这么说吧,有些专家学者一度建议干脆炸掉三门峡大坝。

如果抛开两地的争论不说,三门峡水库在其建成三十年时总计拦截黄河泥沙 60 亿立方米,相当于黄河下游河道二十多年没有继续抬升,有效地遏制了黄河下游的悬河发展态势,为今天中游地区卓有成效的水土保持工作提供了战略机遇期,应该说新中国成立以来黄河下游之所以岁岁安澜,三门峡水库的建设是有功劳的。并不能因其对上游造成不利影响,而只见其弊、不见其利,更遑论小智徒逞的炸坝之说。

(二)小浪底水库

有了三门峡水库的前车之鉴,截至目前来看,应该说小浪底水库无论从哪一方面,在世界范围内都属于高含沙河流上修建高坝水库的典范。

小浪底水库的设计淤沙库容 75 亿立方米,按设计方案可以拦沙二十年,实际上与三门峡水库的拦沙效果也差不多。小浪底水库就像一个大"水盆",当大坝上游发生千年一遇的 42300 个流量(即 m^3/s,下同)的大洪水时,这个"水盆"可以把下泄洪水控制在六十年一遇的 22000 个流量的水平,这也就是我们常说的所谓黄河下游防洪标准由六十年一遇提高到千年一遇水平。当然,如果暴雨洪水发生在大坝下游,那小浪底水库就爱莫能助了,只能采取蓄滞洪区分洪等其他

黄河小浪底水库人造洪水试验(摄影:王颂)

损失较为严重的非常规手段了。

小浪底水库最值得称道的,还是采用人造洪水的方式对下游河道进行冲刷,来提升下游河道输沙入海的效率。自2003年首次开展人造洪水试验迄今(编注:2015年)已经连续进行了十三年,总计输沙入海9亿立方米,相当于三年河床没有抬高。对于含沙量巨大的黄河下游来说,仅仅通过每年十几天的人造洪水调度就能够起到这么显著的减淤效果,已经非常难得了。

人造洪水的试验在国内外引起了广泛的关注,很多环境保护人士曾对如此大量的弃水白白流入大海颇有顾虑。实际上,按照我们国家防洪法的要求,每年汛期到来之前(7月1日),一般要求放空水库蓄水到汛限水位以下,以便随时准备拦蓄可能出现的大洪水,等到过了汛期以后,才可以继续向上蓄水,以满足第二年的供水、灌溉、发电等兴利的需求。小浪底水库实施人造洪水,就是巧妙地利用了汛限水位以上的这一部分多余蓄水,在每年汛期到来的前十多天进行人工造峰而输沙入海,在保障防洪安全的同时又做到了兴利下游河道,可谓一举两得。

同样是人造洪水,美国在科罗拉多格伦峡水库进行的人造洪水试验,则不是把泥沙输送入海,而是利用洪水的作用把河床上的泥沙悬浮起来,再通过漫滩使泥沙沉积在滩地,以便重新塑造两岸河流边滩的形态,并恢复河道的自然地貌特征和生态环境功能。

当地政府先后于1996、2004和2008年三次开展人造洪水试验,取得了非常显著的效果,河滩很快得到恢复,而且对当地的生态起到明显的提升作用。当地的一种有350万年历史、曾经濒临灭绝的白鲑鱼数量明显增加。

自古以来,人类习惯于不断构想富有创造力的水利工程,并将充满智慧的非工程措施投入实际应用,总会产生无限的创造力,造就今日生机盎然的地球。

美国科罗拉多格伦峡水库人造洪水试验 (摄影:佚名)

丙 新中国成立以来,黄河的外部形势发生了一系列变化

如果对建国的时间再细分一下,我们发现黄河的外部形势可以明显地分为两个时期。

新中国成立以来的第一个三十年时期,虽然没有发生大的洪灾发生,但是黄河发生了十几次洪峰流量超万的大洪水,包括 1958 年的洪峰值达 22000 个流量的千年一遇洪水,几乎到了黄河下游河道防守的设计标准;

新中国成立以来的第二个三十年时期,黄河的外部情况发生了重大的变化。主要表现在气候变化和水土保持使得进入下游河道的水量、沙量明显减少;反映在防洪形势上,黄河可以说是波澜不惊,几乎就没有发生什么大洪水,最大的洪水则是 1996 年的一场洪水,洪峰期也仅 7000 多个流量。

古语说"三十年河东,三十年河西",用三十年作为间隔,应该是蕴含了古人对时间尺度的深刻理解。所谓六十年一甲子,而三十年往往也成为一件事物从量变到质变的转折点,中华传统文化的博大精深往往就潜伏在这些看似浅显的谚语中。

总之,不断加高的高标准大堤有效提高了防洪保障能力,水库群的兴建起到了良好的防洪减淤效果,气候变化和水土保持使得进入下游河道的水量、沙量明显减少,客观上也减轻了黄河下游河道的防洪压力,综合形成了新中国成立以来岁岁安澜、海堰河清的局面。

迷失的大洪水

虽然新中国成立以来黄河治理取得了巨大的成就,但是,我们必须要承认一个事实,就是新中国成立以来,特别是近三十年,黄河的洪水水平是明显小于历史时期的。在没有遭遇大洪水情况下的长期安澜,并不能让那些真正了解黄河的有识之士心安,反倒是对不知何时重新再来的大洪水充满忧虑。

这种忧虑并不是空穴来风。

社会对1990年代的黄河断流问题印象深刻,这很好地普及了中国水资源短缺的现实问题,但同时也带来另外一个负面影响,就是从那以后,从民众到专家学者,普遍对黄河大洪水发生的可能性产生了明显的漠视情绪。很多人甚至以为,今后黄河流量会越来越小,甚至会变成季节性河流。

如果我们对黄河的历史情况再多一些了解的话,就会发现其实历史上黄河遭遇干旱乃至断流的情况并不少见。如西晋永嘉三年(309)五月全国大旱,"河、洛、江、汉皆可涉",黄河、长江都可以蹚水而过;明万历三十年(1601)也有因大旱而黄河断流的记载,"黄河竭,自贵德千户所至河州,凡二十七日"。

更值得我们警惕的是,每当较为严重的干旱期过后,总会迎来暴雨集中期。如民国时期1922—1932年,黄河流域发生持续十年的干旱,但到了1933年就发生了22000个流量的特大洪水,输沙量更是达到了惊人的 39 亿吨,是 1919 年陕县(三门峡)设站九十年以来的最大值。如果发生在今天,仅这一场水就几乎可以把小浪底水库的拦沙库容全部用完。

那么黄河的大洪水跑到哪里去了呢?

甲　频率洪水的计算

黄河下游频率洪水的计算是一个复杂的过程,首先进行历史洪水调查、实测洪水分析以及工程对洪水的影响等,然后在此基础上进行频率洪水的计算。历史洪水调查对于频率洪水的最终确定至关重要。

黄河从三门峡到花园口,流域面积 4 万多平方公里。据历史考证,在此区间多次发生特大洪水。

公元 1761 年(清乾隆时期),该区域大范围连续降雨十余日,暴雨在花园口下游黑岗口形成的洪峰达到 30000 个流量。当时的河南巡抚常钧根据开封黑岗口水尺观测奏称:"祥符县(今开封)属之黑岗口十五日测量尽涨水七尺三寸,堤顶与水面相平。"这次洪水,下游数十处决口,酿成重灾。乾隆闻报后曾亲笔题诗表达忧虑:

> 七月十八日,
> 淫霖日夜续。
> 黄水处处涨,
> 茭楗难为备。
> 遥堤不能容,
> 子堰徒成弃。
> 吁嗟此大灾,
> 切切吾忧系。

公元 1843 年(清光绪时期),陕县发生历史特大洪水。根据洪水

清乾隆霁青金彩海晏河清尊,曾是景德镇御窑为圆明园海晏堂烧制的陈设品,现藏于中国国家博物馆。

高:31.3厘米,口径:25.1厘米。霁青色象征河清,燕子与"晏"谐音,蕴含海晏河清,四海承平之意。

位推算,该历史洪水在花园口的洪峰值达33000个流量,12天的洪量达119亿立方米,是现如今小浪底水库拦洪库容的3倍。

新中国成立以来,黄河实测最大洪峰为1958年洪水时期黄河花园口水文站实测的22300个流量;但是,就在1975年8月,与黄河流域唇齿相依的淮河流域发生了特大暴雨,暴雨中心林庄24小时雨量达1060毫米,这是个什么概念呢? 我们不妨做一个简单的对比,1998年长江大洪水时,暴雨中心汉阳24小时雨量也仅为532毫米,由此也可见黄淮流域特大暴雨的剽悍。

这次淮河流域暴雨洪水的破坏力更是令人触目惊心,造成包括两座大型水库在内的数十座水库连续垮坝。[1]

当时的黄河水利委员会主任王化云先生,在切身感受了1958年黄河大洪水的严峻形势,以及1975年淮河流域特大暴雨所造成的重大人员伤亡后,担心如果同样的暴雨发生在黄河中下游会造成可怕的后果,难免对黄河下游可能发生特大洪水的情势忧心忡忡。他曾经采用多种方法推算,确认黄河下游有发生55000个流量洪水的可能,并且认为12天的洪水总量可达200亿方,[2]即便是今天,也需要5个小浪底水库的拦洪库容才能容纳下如此巨量的洪水。

---

[1]　河南省水利厅:《"75.8"特大洪水灾害》,黄河水利出版社,2005年,页219。

[2]　王化云:《我的治河实践》,河南科学技术出版社,1989年,页244。

截至目前,在大量前人工作的基础上,黄河下游花园口站不同频率洪水的计算成果是:二十年一遇为 20400 个流量、五十年一遇为 25400 个流量、千年一遇为 42300 个流量。这也是国务院唯一认可的黄河下游频率洪水计算成果。

花园口站在 1933、1958 和 1982 年分别发生了与天然情况下二十年一遇洪峰流量相当量级的洪水,应该说其时间间隔基本上与设计频率洪水的计算分析是对应的。但是,自 1982 年以后,就再没有发生超过 10000 个流量的洪水,明显与设计频率洪水的时间间隔数据产生了偏离。

乙　大洪水跑到哪里去了

对于近年来黄河流域大洪水频率明显减少甚至泥沙总量也大幅降低的原因,目前存在两种不同的认识:一种认为主要是流域降水量偏少,特别是中游多沙地区大雨、暴雨频次偏少及量级偏小造成的;另一种认为是水土保持措施发挥了主要作用。

据有关资料统计,20 世纪 80 年代以来黄河河口—龙门区间较以前大雨次数减少三成,暴雨次数减少了一半,而近十余年来大雨、暴雨次数则更少。黄河中游大部分属超渗产流地区,由于大雨、暴雨的减少,进入黄河的水量亦随之减少。暴雨的减少,意味着洪峰流量的减少,对黄土的冲蚀能力减少,沙量亦随之减少。水土保持对于黄河下游减水减沙的效用不容小觑,但是从历史上特大洪水的形成过程来看,流域降雨所起到的作用仍处于主导地位。

最新的研究成果表明,黄河流域降雨减少的趋势也处于不断变化之中。

中国科学家基于不同的温室气体和气溶胶排放情景,利用全球和区域气候模式,并参考其他国家的模式预估结果,曾经对中国未来一百年的气候、极端天气气候事件的变化趋势进行了预估。科学家认为,未来一百年的气温增暖可能超过近千年内任何时期,并可能达到甚至超过近千年时期任何阶段的增暖程度。[①]

气温不断升高,对降水量的影响也十分明显,预计在21世纪中国年降水量将可能明显增加,增加幅度达到近20%。不同地区降水量变化的差异较大,其中黄河流域的主要产流区——我国的西北地区可能增加更多,未来二十年中国夏季降水存在着由南涝北旱型向南旱北涝型转变的可能。

这种气候变化的趋势,实际上增加了黄河流域中水文情势分析的不确定性,也为未来一段时期黄河特大暴雨洪水的发生埋设了伏笔。

丙　大洪水的应对

在近年出版的《黄河下游蔡集抗洪抢险启示录》中,记录了2003年黄河下游的一次洪水抢险情况,原文如下:

> 2003年,受"华西秋雨"影响,黄河流域发生了历史上罕见的严重秋汛,黄河下游河段经历了长时间的洪水考验。9月18日,河南省兰考县谷营黄河滩区生产堤被冲垮,黄河兰考段蔡集工程上首的主河道不断向南冲刷滚动,水流迅速将河南兰考县和山东东明县的152个村庄包围,12万群众处于洪水围困之中。10月11日,洪水偎堤的河南兰考、山东东明堤段连续出现风浪淘刷和渗水险情,防洪形势十分严峻。
>
> 胡锦涛总书记、温家宝总理先后做出重要批示。国家防汛抗旱总指挥部、黄河防汛抗旱总指挥部先后对蔡集控导工程下达了严防死守的命令,……国务院副总理、国家防

[①] 秦大河等:《中国气候与环境演变》上卷《气候与环境的演变及预测》,科学出版社,2005年,页318。

> 汛抗旱总指挥部总指挥回良玉亲临抗洪一线……时任河南
> 省委书记的李克强、省长李成玉，时任山东省委书记张高
> 丽、省长韩寓群等多次做出批示，并亲临现场对抗洪抢险救
> 灾工作做出部署安排。黄河防总主要领导靠前指挥，现场
> 指导抗洪抢险工作。

这么大的阵势，读者诸君不妨猜猜，这次洪水的洪峰流量是多少？

据实测水文资料记录，当时花园口站的洪峰实测值为 2500 个流量，我并没有少打一个零，就是二千多的流量，大概是黄河下游二十年一遇频率洪水的十分之一。但就是这样一场几乎算不上洪水的小水，却造成黄河兰考蔡集控导工程决口，兰考与山东东明境内大面积受灾，淹没面积 47 万亩，12 万群众被洪水围困，3.4 万人紧急外迁。

对于这段文字，我们可以有很多解读。

比如黄河防洪安全事关国计民生全局，从国家领导人到各级政府无不对其密切关注，投入巨大的人力、物力以保障防洪安全，的确值得我们为党和政府点赞。

比如近三十年来，黄河下游悬河的发展态势十分严峻，迫切需要采用人造洪水的方式冲刷下游河床，提升河道过洪能力，减轻防洪压力。非常规手段的应用，不但无可厚非，而且十分必要。

比如黄河特殊的地貌态势使得黄河的致灾性与其他平原河流相比差之宵壤，即使很小的洪水威胁也会造成巨大的灾害，必须要时时刻刻予以警惕。

除此之外，我们可能还要再多想一想。

面对仅两千多个流量形成的空前防洪压力，尚如此惊心动魄，且不说遇到千年一遇的 42300 个流量的大洪水了，即便那一年遇到的是其四十多年前 22000 个流量的洪水，那后果将又会是怎样？

下一次改道

五千年来的中国历史告诉我们一个事实：大洪水总是要来，黄河总是要改道。然而面对太平盛世、黄河安澜，抛出这耸人听闻的言论，是讨人嫌、要招人骂的。

不过，如果我们尊重历史的话，毕竟真实才是最重要的，不能说你喜欢不喜欢，愿意不愿意，历史就不发生了。实际上，在上世纪七八十年代，很多学者就有针对性地做过大量工作，但由于不确定因素太多了，基于不同的理论背景，得出的结论可能完全相反，因此各方观点也大相径庭。整个学术界并没有达成共识，各说各的理，决策者也无所适从。

再就是黄河改道这类话题对国计民生的影响太重大了，甚至到了沉重的地步，不到万不得已，也就姑且认为其不会发生，因此学术界的讨论也很难引起社会上的广泛关注。

自上一次的黄河改道争论至今，又过去三十多年了，当时一定没有人能够预料到，这一时期整个中国的经济社会状况会发生如此爆发式的增长，而且黄河流域在整个国家的战略地位日益提升，75万平方公里的流域面积和巨大的经济体量，几乎到了影响我国经济社会发展全局的地步。

另一方面，近三十多年来，从气候变化引起降雨径流减少，到水土保持引发产流产沙下降，从高库大坝为主导的防洪、供水和发电效益提升，到人类活动干预对黄河脆弱生态的破坏，都使得整个黄河的外部环境发生了巨大而深刻的变化。

正如我们三十年前无论如何也预料不到黄河今日的来水、来沙量会降到如此低一样，我们也很难说未来三十年来水、来沙就不会上升到我们难以预测的数量,而且历历可数的几个水库的拦沙空间总是有限的。

居安思危,在黄河风平浪静的今天,重温历代先贤对河道变迁的论述,从科学的层面推论黄河改道的临界条件,评估今日黄河河道发育水平,进而预测明日可能的洪水致灾风险,做到绸缪于未雨,防患于未然,亦属颇有意义的一件事。

清·魏源预测改道

历史上对黄河改道预测最准的是清代的魏源。1852年魏源在其《筹河篇》中明确提出明清时期南向入淮的黄河河道必将会改道北流,由大清河(古济水)入海。

那时候,没有GPS技术,也没有实测地形断面,甚至你从城里到郊外的河边看看也要坐上驴车跑两天,可是,魏源却做到了极致。在其《筹河篇》发表后仅三年,黄河在铜瓦厢改道北流,并且改道后流经线路都几乎和他说的一模一样。

我们不妨再次站在明清故道的面前,重新回顾一下魏源的分析,看看他到底有何过人之处。

他首先从地势变化上分析河道必将要改道走北流的原因——"地势水性使然",进而指出:

> 河、济北渎也,而泰山之伏脉介其中,故自封丘以东,地势中隆高起,而运河分水龙王庙,遏汶成湖,妥流南北以济运。是河本在中干之北,自有天然归海之壑。强使冒干脊而南,其利北不利南者,势也。

对于北流,他"审地势水性如之",又做了进一步分析:

> 北条有二道:一为冀河故渎,史记所谓禹载之高地者,今不可用。上游即漳水,下游至天津静海县入海,皆禹河故道,其他亦高,故不可用。一为山东武定府之大清河即济水、小清河即漯水,皆绕泰山东北,起东阿,经济南,至武定府利津县入海,即禹厮河为二渠,一行冀州,一行漯川者也。自周定王时,黄河失冀故道,即夺济入海,东行漯川,故后汉明帝永平中,王景治河,塞汴归济,筑堤修渠,自荥阳至千乘海口千余里,汉千乘即今武定利津县。行之千年。

他继续通过对历史和现实的深入分析,主张因势利导,尽快实施人工改道北流,以免黄河自行改道造成严重后果,迫切之感溢于言表:"由今之河,无变今之道,虽神禹复生不能治,断非改道不为功。人力予改之者,上也,否则待天意自改之,虽非下士所敢议,而亦乌忍不议!"

言外之意是,我虽人微言轻,你们可也要听啊。

魏源不但把改道北流的原因说清楚了,他还把历代治河人物的得失评价了个遍,并按水平高低进行排序:

"贾鲁不能坚持初议,其识尚出余阙之下",余阙比贾鲁水平高。

"明以来,如潘印川、靳文襄,但用力于清口,而不知徙清口天兖、豫,其所见又出贾鲁之下",贾鲁又比潘季驯、靳辅水平高。

对于王景治河,他虽然承认是"禹后一大治",但也并不是很服气,他认为并非其个人水平高,而是由于当时的河道地势和水性造成的,"以地势,则上游在怀庆界,有广武山障其南,大伾山障其北;既出,即奔放直向东北,下游有泰山支麓界之,起兖州东阿以东,至青州入海,其道皆亘古不变不坏"。

末了,他还代表所有治河专家反问:"我就不说了,难道大清国所有治河大臣的水平都不如王景吗?"原文如下:

> 诸臣修复之河,皆不数年、十余年随决岁塞,从无王景
> 河千年无患之事。岂诸臣之才,皆不如景,何以所因之地势
> 水性,皆不如景? 其弊在于以河通漕,故不暇以河治河也。

他的意思是说,你们以前治河就是为了漕运,根本就不是为了治河。目的不纯,自然就难以专一而事功,这才是黄河不能根治的原因。

此刻,我们静静地体味着魏源的那份自信与骄傲,不禁油然而生对昔人荣耀的向往,精神亦为之一振。或许,这就是所谓人格的力量吧。

对于魏源,其成名并非缘于成功地预测了黄河改道,他在《海国图志》中提出的"师夷长技以制夷",后来成为清朝洋务运动时期重要的指导思想。

应该指出,虽然魏源预测黄河改道北流是最准的,但却并不是最早的。早在乾隆四十六年(1781),工科给事中李廷钦就上疏请求改道大清河以分杀水势。

毕竟是不当家不知柴米贵,不当皇帝当然也就不知道黄河改道有多难。

对于这份洋洋洒洒近千言、语极谦逊的奏章,乾隆颇不以为然,大笔一挥:"此奏甚谬,已有旨了!"即便是两百多年后的今天,透过奏章,仿佛仍能感受到乾隆帝那一脸的怒气。

现代·陆中臣预测改道

陆中臣先生对黄河改道的预测,也是在分析明清黄河改道的基础上进行的。

他认为,历代下游河道的变迁与冲积扇的发育是相辅相成的。最早的禹河故道,当黄河流出峡谷进入平原后,在郑州受到南岸邙山

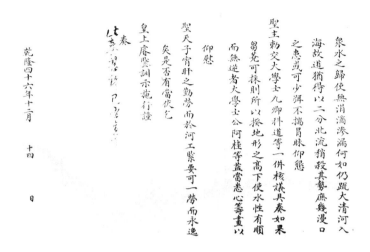

乾隆御批圣旨，现藏于北京故宫博物院。

的阻挡，迫使河道向东北方向流动，沿着滑县、内黄、沧州于天津附近入海。以后在泥沙的淤积抬升作用下，当河道不能适应上游来水来沙时，则发生溃决改道。自公元前602年禹河故道发生第一次改道开始，河道就由北至南不断滚动。同样，河道在南部沉积相当长的时间后，当河道也不能适应上游的来水来沙时，则再次出现有南向北滚动的往复过程。

现在的黄河下游河道是明清故道在1855年铜瓦厢决口后形成的。由于残留众多古河道，看似平坦，其实高低不平，波状起伏。根据历史时期河道演变的规律和现行河道两侧的地貌特点分析，他认为，现有的黄河悬河态势已经十分严重了，河道纵剖面具有不断向上抬升的趋势，并且已经接近黄河改道的临界点。在河南开封鼓楼广场跳舞的大妈说，距离她家不远处的黄河河床的高差可能比她家住的楼还高，有十多米。他预测，黄河下游河道有可能在清1855年北向决口改道的基础上，进一步向北改道，以完成黄河河道由南向北滚动的第二个周期。

陆中臣又从时间尺度分析，认为黄河在历史上大约每隔一百多年,就要改道一次。黄河下游河道发展到今天,也到了时间尺度上的临界点。

实际上,现行流路在初期即大约 1855—1934 年间,黄河依然发生了多次向北决口的情况。从其决口的趋势看,起初决口的地点多集中在中、下段至河口地带,后期主要集中于中上段。

因此,他分析,现行的黄河河道在遭遇特大洪水时,极有可能继续向北决口改道,而且在中上段决口北流的可能性最大。他还通过大量地质学的实测数据分析,认为黄河下游的河南境内,正是地壳欠稳定地区。为此,他把决口改道的预测重点放在河南境内的黄河北岸堤坝。

他不但确定了决口的范围,还用技术手段对决口后的淹没风险进行计算评估。他用花园口洪水过程线对黄河北岸不同决口情况进行模拟计算,得出了洪水流路及可能的淹没范围,据他估算,无论是从北岸的原阳还是曹岗决口,可能的淹没面积超过 2 万平方公里,包括数十个县市,人口达千万量级。

实际上,对于黄河未来决口甚至改道后的灾害分析,还有很多的研究成果。

仅仅通过陆中臣先生的分析,黄河洪水灾害的极端破坏性已经令我们触目惊心了。

在西方国家,黄河又被称为悬河(hang river),实际上它也确确实实就是悬在国人头顶的一盆水。

中国五千年的历史,无时不刻不在提醒着我们黄河洪水泛滥的严重后果,正如我们所知道的,历史上黄河洪水的波及范围北抵京津,南达江淮,包括冀、鲁、豫、皖、苏五省的黄淮海平原,纵横 25 万平方公里。

黄河若向北决口、改道,则海河流域必遭重创。可能危及的重要城市包括新乡、濮阳、德州、聊城、沧州、天津等。

黄河若向南决口、改道,则淮河流域亦在劫难逃。沿途重要城市包括开封、商丘、菏泽、济宁、徐州、蚌埠、淮安等。如果进一步侵入长江水系,甚至会威胁长江下游防洪安全。

无论哪一边,都是我们不能承受之重。

因其险重,方知路远。

黄河得到根治,自古以来就是中华民族的一个梦想。

今天,我们站在历史时间的最高点,黄河之治已经迈出了稳健的一步。

习近平曾经说过,干事业"要有功成不必在我的精神"。我想,如果放之于黄河治理的大历史中,是再合适不过了。自禹筚路蓝缕,以启山林,他一定不会想到日后成就十数亿之众的强大中华。时至今日,立于无数历史人物之肩,我等也断无任何稍事懈怠之理由。

一代代黄河儿女齐心协力、锲而不舍地干下去,我巍巍中华前途自不可限量。

唯愿黄河永远安平。

附录一 黄河纪事年表

朝代	年号	时间（年）	事件	本书
上古		前21世纪	禹采用疏顺导滞之法治理洪水灾害，形成最早期的黄河故道。《山海经》记载，"河水出东北隅，以行其北，西南又入渤海，又出海外，即西而北，入禹所导积石山"。因并无充分的考古资料与之相佐证，有学者也称之为"经义治河"。	*
春秋战国	周定王五年	前602	第一次大改道。黄河于宿胥口决口，自宿胥口（今浚县，淇河、卫河合流处）东行漯川，经今河南濮阳、河北大名、山东德州、沧州北而东入渤海。	*
秦	秦始皇三十二年	前215	秦始皇时期，在修筑万里长城的同时，也历史上第一次开始修建连续的黄河堤防。	*

*代表本书中对此条目有相关论述。

（续表）

朝代	年号	时间（年）	事件	本书
西汉	汉文帝十二年	前168	黄河在酸枣决口,东溃金堤。曾大量征用兵丁堵塞决口,这是有关延津境内最早堵口抗洪的记载。	
	汉武帝元光三年	前132	河南濮阳瓠子决口。东南流向山东巨野,经泗水注入淮河。也是历史上黄河大规模入侵淮河流域的最早记载。	*
	汉武帝太始二年	前95	齐人延年建议自内蒙古河套地区改河东流入海,武帝虽对其奇思妙想表示赞赏,但也认为"河乃大禹之所道也,圣人做事,为万世功,通于神明,恐难改更"。	
	汉成帝河平四年	前7	贾让发表"治河三策"。上策是实施人工改河,中策是在黄河狭窄河段分水、分沙并灌溉农田,下策则是历代一直沿用至今的整治河道、加高培厚堤防。	
	王莽始建国三年	11	第二次大改道。黄河在魏郡元城决口(今河北大名),沿着古漯水河道东行,蜿蜒于今黄河与马颊河之间,经南乐、阳谷、聊城、滨州入海。为方便计,将此事件归于西汉。	*
东汉	汉明帝永平十二年	69	王景治河,修千里长堤,十里立一水门,使交相洄注,此后近千年没有发生大的改道事件。	*
隋	隋炀帝大业六年	610	全长2700公里的京杭大运河建成通航。流经河南、河北、安徽、江苏、浙江五省,沟通长江、淮河、黄河、海河和钱塘江五大水系。建成伊始,隋灭亡,归惠于大唐。	

（续表）

朝代	年号	时间（年）	事件	本书
唐	唐玄宗开元十四年	726	冀州河溢，魏州黄决。当时"诸州不敢擅兴役"，任济州刺史的裴耀卿在未奉朝命的情况下，率众抢护堤岸，抗洪治河。后官至宰相。	
北宋	宋太祖乾德五年	967	开始实施治河责任制度，并通过黄河"岁修"加强对河堤的保护和维修。	
	宋神宗景祐六年	1034	黄河在濮阳横陇决口，直向东北方向分流，经河北大名至滨州入海。黄河自此离开行水千年的东汉河道（京东故道），形成了所谓的"横陇河道"。	*
	宋仁宗庆历八年	1048	第三次大改道。黄河在河南濮阳商胡决口，向北直奔河北大名，流经馆陶、临清，至沧州与漳河（海河二级支流）汇流，从天津入海。宋人称这条河道叫"北流"。	*
	宋仁宗嘉祐五年	1060	黄河北流河道在河北大名南向决口，继续分出"二股河"，与原河道分离后奔向东北，经南乐、馆陶，合笃马河（马颊河支流），东北经无棣（今滨州）入海。宋人称之为"东流"。	*
南宋	宋高宗建炎二年	1128	第四次大改道。南宋部将杜充决河，经延津、长垣、东明进入梁山泊（大野泽），然后分为两支：一支由泗入淮，即南清河，一支合济水至沧州入海，即北清河（又称大清河，古济水的一部分）。此南北分流之状态，也被称为黄河第四次大改道之序幕。	*

（续表）

朝代	年号	时间（年）	事件	本书
南宋	金章宗明昌五年	1194	河决阳武。此次河决以后,南宋初年杜充决河后形成的南北分流态势进一步明确。河水十之二三由北清河（又称大清河,古济水的一部分）入海,十之七八由南清河（泗水）入淮,且南派水势大于北派。	*
元	元世祖至元二十三年	1286	原阳、开封决口,水分两路东南而下,一支经陈留、通许、太康注涡入淮;一支经中牟、尉氏、扶沟等地由颍入淮。	
	英宗至治元年	1321	《河防通议》是宋金元三代治理黄河的工程规章制度,原著者为北宋沈立。元"重订河防通议",分别记述河道形势、河防水汛、泥沙土脉、河工结构、材料和计算方法以及施工、管理等方面的规章制度。	
	元顺帝至正四年	1344	河决曹县白茅口、金堤。流经东阿,沿会通河及清济河故道,分北东二股流流向河间及济南一带,分别注入渤海。	*
	元顺帝至正十一	1351	贾鲁采用疏、浚、塞相结合的方法在黄河主汛期堵口成功,欧阳玄制作《河平碑》文以记录此次治河的功绩。	*
明	明成祖永乐九年	1411	宋礼修浚会通河,"会通河开成,自济宁至临清三百八十五里,漕舟始达于通州"。	
	明英宗正统十三年	1448	黄河在新乡决口,直冲山东张秋,淤塞运道。朝廷先后派王永和、洪英、王暹、石璞等人前去治理,均不见根本成效,"掣运河水入盐河,漕舟尽阻"。	

朝代	年号	时间（年）	事件	本书
明	明宪宗成化七年	1471	专设总理河道之职,并成为常设官职。	
	明孝宗弘治二年	1489	河决开封等地,水向南、北、东三面分流。一支经尉氏东南合颍入淮,一支经通许合涡入淮,一支与贾鲁故道平行,至商丘合涡入淮。一支自阳武、封丘经曹县冲入张丘运河,一支由开封直下徐州合泗入淮。	
	明孝宗弘治六年	1493	第五次大改道。刘大夏总理河道,治理张秋决河,修筑太行堤 360 里。自此开始,黄河下游河道转入维持了三百余年的明清流路。	*
	明神宗万历十六年	1588	潘季驯第四次总理河道,认为"河南实运道上流,关系甚重",开始注重黄河上、下河段的综合治理。	
	明神宗万历十九年	1591	潘季驯编著的《河防一览》刊印成书,对后世治河方针和河工实践起到了重要的指导作用。	
	明熹宗崇祯十四年	1641	黄河流域连续十一年大旱,"人多饥死,人相食"。	
清	康熙十六年	1677	靳辅出任河道总督。在此期间,采用综合治理,河、运一体的大思路,疏以浚淤,筑堤塞决,以水治水,借清敌黄,河患得到有效治理。	*
	康熙二十三年	1684	康熙帝南巡,亲自督理河工。	

（续表）

朝代	年号	时间（年）	事件	本书
清	康熙二十五年	1686	朝廷命令疏浚黄河入海口,以解决洪泽湖上游的淹没问题。	*
	康熙四十一年	1702	清人胡渭汇集前人研究《禹贡》所有成果,编著《禹贡锥指》。历史上对《禹贡》研究的著述很多,直到胡渭的《禹贡锥指》刊出,才真正做到了去芜存菁,有条理可寻。也成为清以后研究《禹贡》和历史地理的必读之书。	
	康熙五十六年	1717	康熙帝派人勘察黄河河源,发现了上游的"古尔班索罗谟",即黄河的三条支流约古宗列曲、卡日曲、扎曲。	*
	雍正二年	1724	由于"关系黄、沁并卫河运道重门保障",大学士张鹏翮等奏请加修太行堤。	
	乾隆十八年	1753	乾隆十八年九月,秋汛已过,黄河在徐州张家路决口,管河同知李焞和武官守备张宾,因共同侵吞工帑,以致误工决口。皇帝震怒,立令把李焞、张宾二人斩首示众。	
	嘉庆十一年	1806	嘉庆帝斥河工弊端。嘉庆帝对连年用去大量财物而不断决口极为不满,下诏训斥:"南河工程,近年来请拨帑银不下千万,比较军营支用,尤为紧迫,实不可解!况军务有平定之日,河工无宁晏之期。水大则恐漫溢,水小又虞淤浅,用无限之金钱而河工仍未能一日晏然。"	

（续表）

朝代	年号	时间（年）	事件	本书
清	道光十一年	1832	"八月，决祥符。九月桃源奸民陈瑞因河水盛涨，纠众盗挖于家湾堤，放淤肥田，致决口宽大，挈全溜入湖（洪泽湖）。"	
	咸丰二年	1852	魏源在《筹河篇》中主张人工改河北流，在三年后（1855年），黄河自行改道北流。	*
	咸丰五年	1855	黄河在河南兰考铜瓦厢发生重大决口。其后，分为三支，一支由曹县东注；另两支由东明县南北分注，至张丘穿运河后又复合为一支，夺大清河（古济水）入海。此后，南支渐渐演变成为干流，也就是一直持续到今天的黄河下游河道。也有人称之为黄河第六次大改道，以顺应延续清人胡渭所述前五次黄河大改道。	*
	光绪二十四年	1898	李鸿章奉命勘河，"周历河干，履勘情形，通筹全局，拟定切实方法"。提出了《黄河大治方法》，并将比利时人卢法尔拟具的《勘河情形原稿》一并呈送朝廷。	
民国	民国二十年	1931	李仪祉引入西方现代水利观念，采用系统化的理念编制黄河治理规划。	*
	民国二十二年	1933	黄河发生近代以来最大洪水，酿成重大灾害。国民政府黄河水利委员会成立。	*
	民国二十四年	1935	西方专家利用现代模型试验技术开展黄河治理方式的探索。	

（续表）

朝代	年号	时间（年）	事件	本书
民国	民国二十六年	1937	日本侵华期间,日机在黄河主汛期连续轰炸黄河堤坝,虽非后来花园口决河始作俑者,但其险恶用心由此可见一斑。	
	民国二十七年	1938	国民政府扒决郑州花园口黄河大堤,造成重大灾害。	*
现代	中华人民共和国	1958	黄河下游发生新中国成立以来最大洪水。	
		1960	三门峡水库建成后,成功实现下游河道减淤;但由于库区淤积严重,造成上游渭河防洪压力加大。	
		2001	小浪底水库建成蓄水,理论上将黄河下游防洪能力提升到千年一遇水平。	*
		2002	自此开始每年利用人造洪水输送黄河泥沙入海,以减缓黄河下游河道的抬升趋势。这项引起国内外广泛关注的重大治黄措施,由于其巧妙利用了小浪底水库汛限水位以上的多余蓄水而广受好评。	*
		2012	黄河下游标准化堤防建成700余公里,有效保障了黄河下游防洪安全。	

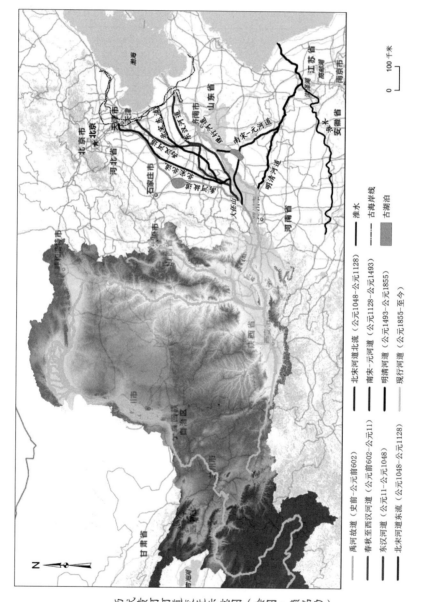

历代黄河河道变迁示意图（绘图：赖瑞勋）

———— 禹河故道（史前-公元前602）
———— 春秋至西汉河道（公元前602-公元11）
———— 东汉河道（公元11-公元1048）
———— 北宋河道东流（公元1048-公元1128）
———— 北宋河道北流（公元1048-公元1128）
———— 南宋-元河道（公元1128-公元1493）
———— 明清河道（公元1493-公元1855）
———— 现行河道（公元1855-至今）

———— 淮水
- - - - 古海岸线
     古湖泊

0   100 千米

附录二　黄河问答录

甲　为什么黄河下游河道在河南段很宽（可达 20 公里），而到了山东段就变窄了（大约 2—3 公里）呢？

清朝李鸿章大人曾经这样解释："黄河改道后，南岸傍泰山山麓，拓展无方；而北岸多为老旧城市，人烟稠密，无余地可让。由于民间爱惜耕地，沿岸滩地均不轻易放弃，就对民埝加以保护，长久以来也就形成了今日山东河道狭窄的原因。"

小民斗胆补充一句，就好比我们用手抖动一根很长的鞭子，远端的末梢处鞭子的振幅总会越来越小，在平原型河道上"水势就下"也是造成这种现象的原因之一。

乙　为什么黄河下游河道近 800 公里长，却没有一条支流汇入呢？

因为黄河在下游是悬河，整个河道都比地面高很多，所以只能往外分水，没有支流能汇入。这也是黄河下游防洪安全上为数不多的有利因素之一了。

丙　为什么不用水泥把黄河河道全部刷起来呢，那样黄河不就不淤积了吗？

河床冲刷只占河道输送泥沙的很小一部分。中游的黄土高原坡道里的泥沙经雨水侵蚀后，输送到黄河河道里面的泥沙占主要部分。即便你用水泥把河道全部粉刷一遍，中游侵蚀产生的泥沙仍然会在你刷好的水泥底面上继续淤积。

丁　那就把整个黄土高原都用水泥粉刷一遍？

嗯，是个很有创意的想法。不过，我算一算，整个面积是 50 万平方公里，如果按照家里装修铺地板砖一平方米 20 元算的话，总价是 20 元每平方乘以 50 万平方公里，仅算工钱就是 10 万亿元人民币，相当于全国一年的财政收入，不知道全国人大会不会批准。

当然，如果您一定要这样干的话也行，不过张大伯、李大妈在坡地里种的庄稼、栽的树都被水泥给盖住了，他们以后可就要天天去您家里吃饭了。

您看，刷还是不刷？

戊　下游河道淤积的沙子挖出来不就不淤高了吗，或者让烧砖的挖了去用，不是一举两得吗？

黄河下游河道每年淤积泥沙约 3 亿方，就算每方 10 元钱，就是 30 亿元，投资太大。在历史上每隔几百年就有人提出挖沙的想法，并多次在局部河段进行过尝试，但每次都不了了之。最近的一次是在上世纪末，曾经在黄河下游朱家屋子断面以下二十多公里长河段进行过挖沙工作。总的来看，今年挖过的地方，明年就会产生更大的淤积，挖不胜挖。

黄河的泥沙颗粒比较细，大部分都不能用于建筑材料的烧制，所以烧砖的一般也不要。

己　如果黄河发大水了,我往哪里跑呢?

如果你跑得不如河水快的话,那你最好是爬到村口最高的那棵树上,等待救援。1933 年大洪水期间长垣县一个村的大树就曾经救了六十多个人的性命。

庚　你啰里啰唆半天,黄河今后到底还会不会决口、改道呢?

呃……今天天气不错。

参考文献

一、古籍

方韬译注:《山海经》,中华书局,2011年版

王世舜、王翠叶译注:《尚书》,中华书局,2012年版

(汉)司马迁著:《史记》,中华书局,1982年版

(汉)班固著:《汉书》简体字本,中华书局,1999年版

(汉)范晔著:《后汉书》点校本,中华书局,1965年版

(北魏)郦道元著:《水经注》,中华书局,2013年版

(宋)司马光著:《资治通鉴》,中华书局,2007年版

(元)脱脱著:《宋史》,中华书局,1985年版

(元)沙克什著:《河防通议》,商务印书馆,1936年版

(明)宋濂著:《元史》,中华书局,1976年版

(明)刘天和著:《问水集》,中华书局,1985年版

(清)张廷玉著:《明史》,中华书局,1974年版

(清)《清史稿·靳辅传》,重印本,中华书局,1977年版

(清)胡渭著:《禹贡锥指》,上海古籍出版社,2013年版

(清)魏源著:《海国图志》,岳麓书社,2011年版

二、民国著述

吴君勉著:《古今治河图说》,南京水利委员会,1942 年版

韩启桐、南钟万著:《黄泛区的损害与善后救济》,1948 年版

鲁迅著:《故事新编》,文化生活出版社,1936 年版

李仪祉著:《留欧纪实》,不详

三、现代著述

岑仲勉著:《黄河变迁史》,中华书局,2004 年版

姚汉源著:《中国水利发展史》,上海人民出版社,2005 年版

董恺忱、范楚玉主编:《中国科学技术史水利卷》,科学出版社,2000 年版

张含英著:《历代治河方略探讨》,黄河水利出版社,2014 年版

黄河水利史述要编写组著:《黄河水利史述要》,黄河水利出版社,2003 年版

黄河水利委员会编著:《黄河下游蔡集抗洪抢险启示录》,黄河水利出版社,2008 年版

邹逸麟著:《黄淮海平原历史地理》,安徽教育出版社,1997 年版

谭其骧:何以黄河在东汉以后会出现一个长期安流的局面,学术月刊,1962 年 6(2)期

任伯平:关于黄河在东汉以后长期安流的原因,学术月刊,1962 年 6(9)期

史念海著:《由历史时期黄河的变迁探讨今后治河的方略》,三联书店,1981 年版

席龙飞著:《中国造船史》,湖北教育出版社,2000 年版

左东启:黄河河道格局的历史演变及其对现代治黄思路的启示,水利水电科技进展,2001 年 21(5)

陆中臣等著:《试论黄河下游北岸可能决口地段及其最大淹没范围,地理研究,1987 年 04 期

叶青超、陆中臣等著:《黄河下游河流地貌》,科学出版社,1990 年版

席会东著:《清康熙绘本〈黄河图〉及相关史实考述》,故宫博物院院刊,2009 年 05 期

杨丽丽著:《明人〈十同年图〉卷初探》,故宫博物院院刊,2004 年 02 期

叶燕莉:谢铎与《甲申十同年图》,温岭日报,2007 年 12 月 14 日

许文继、陈时龙著:《正说明朝十六帝》,中华书局,2005 年版

吴晗著:《明史简述》,中华书局,1980 年版

王天有主编:《明朝十六帝·武宗毅皇帝朱厚照》,紫禁城出版社,1999 年版

李亚平著:《帝国政界往事——公元 1127 年大宋实录》,北京出版社,2004 年版。

贾政著:《潘际训评传》,南京大学出版社,2011 年版。

王涌泉,徐福龄:《王景治河辨》,《人民黄河》,1979 年 02 期

李寒冰著:《商胡改道与北宋治河论争》,黄河文化专题研讨会文集,黄河水利出版社,2009 年版

黎沛虹:元代贾鲁治河若干问题的探讨,武汉水利电力学院学报,1982 年 01 期

朱永奎著:《中河之父陈潢的悲剧人生》,江苏地方志,2010 年版

杨铸著:《靳辅》,辽阳市档案局

潘京:关中治水"龙王"李仪祉,华商报,2012 年 11 月 13 日

秦大河等著:《中国气候与环境演变》上卷:气候与环境的演变及预测,科学出版社,2005 年版

杨达源等:近 2000 年淮河流域地理环境的变化与洪灾,湖泊科

学,1995 年 01 期

史辅成,易元俊,高治定著:《黄河流域暴雨与洪水》,黄河水利出版社,1997 年版

葛剑雄、胡云生著:《黄河与河流文明的历史观察》,黄河水利出版社,2007 年版

中原文化大典编纂委员会:《中原文化大典》,中州古籍出版社,2008 年版

钱正英:纪念李仪祉诞辰 120 周年大会上的讲话,中国水利水电出版社,2008 年版

王化云著:《我的治河实践》,河南科学技术出版社,1989 年版

李国英著:《调水调沙》,黄河水利出版社,2005 年版

河南省水利厅编著:《"75.8"特大洪水灾害》,黄河水利出版社,2005 年版

钱穆著:《中国历代政治得失》,三联书店,2012 年版

黄仁宇著:《中国大历史》,三联书店,2008 年版

黄仁宇著:《万历十五年》,中华书局,2006 年版

吴晗著:《朱元璋传》,湖南人民出版社,2013 年版

肖前著:《历史唯物主义原理》,人民出版社,1983 年版

蔡美彪著:《中华史纲》,社会科学文献出版社,2013 年版

楼宇烈著:《中国的品格》,南海出版公司,2011 年版

白寿彝主编:《中国通史》第十卷(中古时代·清时期),上海人民出版社,1996 年版。

谭其骧著:《简明中国历史地图集》,中国地图出版社,1991 年版